国家自然科学基金重点支持项目（NO.U22A20152）
广东省高校创新团队项目（广东省教育厅，NO. 2019KCXTD017）

金花茶天然活性成分分离纯化技术创新及应用

程金生　周小伟　张宇鹏　著

汕頭大學出版社

图书在版编目（CIP）数据

金花茶天然活性成分分离纯化技术创新及应用 / 程金生，周小伟，张宇鹏著. -- 汕头 : 汕头大学出版社，2025. 4. -- ISBN 978-7-5658-5503-0

Ⅰ. Q949.72

中国国家版本馆 CIP 数据核字第 2025RP9755 号

金花茶天然活性成分分离纯化技术创新及应用

JINHUACHA TIANRAN HUOXING CHENGFEN FENLI CHUNHUA JISHU CHUANGXIN JI YINGYONG

著　　者：程金生　周小伟　张宇鹏
责任编辑：汪艳蕾
责任技编：黄东生
封面设计：寒　露
出版发行：汕头大学出版社
　　　　　广东省汕头市大学路 243 号汕头大学校园内　邮政编码：515063
电　　话：0754-82904613
印　　刷：定州启航印刷有限公司
开　　本：710 mm×1000 mm　1/16
印　　张：12.75
字　　数：202 千字
版　　次：2025 年 4 月第 1 版
印　　次：2025 年 4 月第 1 次印刷
定　　价：78.00 元
ISBN 978-7-5658-5503-0

前　言

金花茶主要分布于我国岭南地区，最早载于《本草纲目》，为国家批准的新资源食品，2020 年入选第三批广东省扶贫产品名录，营养学、药学及遗传学价值显著。近年来，随着经济的发展，金花茶的人工种植面积越来越大，为岭南地区百姓增收及乡村振兴事业做出了重要贡献。因此，积极通过校企合作来开展金花茶天然活性成分分离纯化技术创新及应用研究具有重要意义。

本书相关研究受到 2016 年广东省自然科学基金——基于可再生资源的石墨烯纳米材料高效检测、分离金花茶活性成分（项目编号：2016A030307013），以及 2019 年广东省自然科学基金——基于石墨烯纳米材料的金花茶天然氨基酸高灵敏检测方法研究（项目编号：2019A1515011163）等项目的资助。笔者紧紧围绕金花茶天然活性成分分离纯化技术创新及应用领域，经过多年技术攻关，取得了重要突破。笔者已发表相关论文 20 余篇，其中科学引文索引 / 工程索引论文 6 篇、中文核心论文 4 篇；授权中国发明专利 7 项，授权美国专利 4 项，授权英国专利 2 项，授权澳大利亚专利 2 项，授权实用新型专利 5 项；先后获广东省科学技术奖（成果推广奖，2023 年）、广东省科技成果推广奖（2023 年）、广东省优秀科技成果奖（2019 年）、韶关市科技进步奖（一等奖，2020 年）、广东省农业技术推广奖（三等奖，2021 年）、中国产学研合作创新与促进奖、产学研合作创新成果奖（优秀奖，2022 年）等荣誉。

本书有关工作的主要创新点及取得的创新成果如下：

（1）实现了金花茶中 *L*- 蛋氨酸等传统技术难检出的天然痕量活性成分的选择性识别或高灵敏检测，具有灵敏度高、检测限低、结果重现性好等特点；

（2）首次实现金花茶外源性活性物质抑制多种癌分子的有效位点和生物标志物筛选；

（3）以不同功能化设计的石墨烯纳米材料为选择性吸附分离材料，实现了金花茶中异绿原酸等 52 种天然活性物质或单体的高效分离，分离效率及纯度较传统技术大幅提高；

（4）开发了金花茶降脂、降糖、抗新冠病毒、抗氧化系列制剂，金花茶系列食品，金花茶系列日化产品，经广东省科学技术情报研究所多年科技查新（A202118278，A202200277），均为国内外首次报道；

（5）首创基于纳米技术的金花茶等植物萃取液低温灭菌技术及设备，确保植物萃取液风味物质品质安全及口感，与企业合作开发、生产了相关设备；

（6）授权发明专利 15 项（其中，英国、美国和澳大利亚等国际专利共 8 项），授权实用新型专利 6 项，发表科技论文 20 余篇（含科学引文索引 / 工程索引论文多篇）；

（7）获国际上首个金花茶新药专利授权（美国，2018 年授权）、国际上首批金花茶抗新冠病毒专利授权（英国 2 件，澳大利亚 1 件，2021—2023 年授权）、国际上首个金花茶氨基酸分离专利（美国，2022 年授权）、国际上首个金花茶萃取液低温灭菌专利（澳大利亚，2021 年授权）等。

本书所述成果经过茶学权威、中国工程院刘仲华院士等行业权威专家的科学评议，总体上达到国际先进水平，部分达到国际领先水平。2022 年，本书成果进一步通过了由中华人民共和国农业农村部组织的以中国工程院单杨院士领衔的专家组成果鉴定，一致认为本书成果处于国际先进水平。

金花茶与银杉、桫椤、珙桐等珍贵的“植物活化石”齐名，属《濒危野生动植物种国际贸易公约》附录Ⅱ中的植物种，国外称之为“神奇的东方魔茶”，被誉为“植物界大熊猫”“茶族皇后”。金花茶被列入《世界自然保护联盟濒危物种红色名录》（IUCN）——易危（VU），是《国家重点保护野生植物名录》二级保护植物。除经济价值外，金花茶也是非常珍贵的种质资源之一，约 80% 的品种分布在我国，剩余 20% 分布在越南等东南亚国家。金花茶的营养学、药学及基因组学特征具有难以估量的战略价值，在未来很可能成为国际研究的焦点。

笔者立足国家岭南生态发展区，以地域特色金花茶为着力点，与多家企业合作研发了金花茶含片、泡腾片、饮料、速溶茶、口服液、多维氨基酸胶囊、速溶必需氨基酸颗粒、抗新冠病毒喷雾剂等系列产品；联合国内知名化妆品企业成功开发了金花茶提取物相关产品，取得了较好的经济效益和社会效益，合计推广金花茶种植面积 12.65 万亩，生态效益显著，助力粤北乡村振兴和种植户增收，促进与金花茶资源较为丰富的“一带一路”国家的科技合作以及珍稀濒危金花茶资源的国家之间的协同保护。

目前，国内外现有的金花茶领域专著大多集中在金花茶图谱、品种资源鉴别、科普教育等领域，关于金花茶开发及深加工领域的专著极少。经科技查新，本书目前属于国内外聚焦岭南特色金花茶高值化利用的首部专著。本书内容较为饱满，既具有一定科普价值，又具有很好的实用性，可供农学、药学、中药学、植物学、食品加工等专业本科、专科及研究生作为教材或参考书使用，也可供医药领域科技工作者、医务工作者、其他植物研究者及中医药爱好者等参考使用。

由于水平有限，书中难免存在不足之处，敬请广大读者批评指正。

目　录

第 1 章　金花茶研究背景与意义

金花茶（*Camellia Chrysantha* (Hu) Tuyama）为山茶科、山茶族、山茶属植物。1933 年，学者左景烈在广西壮族自治区防城港市防城区大菉镇阿泄隘采到第一株金黄色山茶花标本；1960 年，黄逢生等人在广西壮族自治区南宁市邕宁区坛洛镇一带发现了大面积金黄色茶花；1965 年，植物学家胡先骕将其命名为金花茶，由此拉开了金花茶研究的序幕。

金花茶有着“植物界大熊猫”“茶族皇后”等美誉。《本草纲目》载：“山茶产南方……又有一捻红、千叶红、千叶白等名，或云亦有黄色者。”这或为金花茶的最早报道。金花茶含有丰富的氨基酸类活性成分，必需氨基酸含量占比优于联合国粮食及农业组织及世界卫生组织的相关标准，其营养价值高，具有较好的食品研究价值。2010 年，原中华人民共和国卫生部（现中华人民共和国国家卫生健康委员会）批准金花茶等 5 种物品为新资源食品（2010 年第 9 号），掀起了金花茶研究的新一轮热潮。

金花茶在我国广东省、广西壮族自治区等地区分布广泛，已列入第三批广东省扶贫产品名录（粤农扶办〔2020〕183 号）。除主要分布区域广西壮族自治区防城港市等地外，广东省也发现了一些野生金花茶植株，并进行了大规模引种。2012 年 6 月，广东省林业和草原局宣布，广东省梅州市平远县差干镇松溪河风景区、泗水镇、上举镇八社村等地均发现了野生金花茶；也有人在广东省北部的连州市发现零星野生金花茶植株。广东省珠海市、揭阳市、江门市、肇庆市、梅州市、茂名市、云浮市、清远市等地纷纷引种金花茶多个品种。2017 年 12 月，广东省首届“金花茶文化节”在广州市番禺区开幕。

目前，国内外分布较广或已人工引种的金花茶品种包括防城金花茶（*Camellia nitidissima* Chi）、显脉金花茶（*Camellia euphlebia* Merr. ex Sealy）及陇瑞金花茶（*Camellia longruiensis* S.Y. Liange et X.J. Deng）等。但除此之外，相当多的金花茶品种分布区域非常窄，其对土壤、环境等有非常苛刻的要求（大多分布于十万大山兰山支脉和广东省大庚岭一带，海拔 150 ～ 500 m 酸性土杂木林或石灰岩钙质土杂木林中），人工繁育及引种困难，野生植株日益稀少，有些野外植株只发现几十株甚至几株，让人揪心。国内外部分代表性珍稀濒危金花茶如图 1-1 所示。

图 1-1　国内外部分代表性珍稀濒危金花茶（*Camellia bugiamapensis* Orel 来源于参考文献 [8]，其他均拍摄于南宁金花茶公园）

据不完全统计，目前国内外珍稀濒危金花茶品种约有 43 种，如表 1-1 所示。

表1-1　国内外珍稀濒危金花茶品种

序号	品种名	拉丁名
1	东兴金花茶	*Camelliaindochinensis*var.*tunghinensis*（HungT.Chang）T.L.Ming&W.J.Zhang
2	小果金花茶	*Camelliapetelotii*var.*microcarpa*（S.L.Mo&S.Z.Huang）T.L.Ming&W.J.Zhang
3	中东金花茶	*Camelliapetelotii*var.*grandiflora*Sealy
4	毛瓣金花茶	*Camelliapubipetala*Y.Wan&S.Z.Huang
5	凹脉金花茶	*Camelliaimpressinervis*HungT.Chang&S.Y.Liang
6	薄瓣金花茶	*Camellialeptopetala*ChangetS.Y.Liang
7	小瓣金花茶	*Camelliaparvipetala*J.Y.LiangetZ.M.Su
8	四季花金花茶	*Camelliaperpetua*S.YeLiang&L.D.Huang
9	直脉多脉金花茶	*Camelliamultipetala*LiangetDengvar.*Patens*(LiangetMo）S.Y.Liang
10	多瓣金花茶	*Camelliamultipetala*S.YunLiangetC.Z.Deng
11	柠檬金花茶	*Camellialimonia*C.F.LiangetMo
12	薄叶金花茶	*Camelliachrysanthoides*HungT.Chang
13	夏石金花茶	*Camelliaxiashiensis*S.YeLiangetC.Z.Deng
14	长柱金花茶	*Camelliachrysantha*f.longistylaS.L.MoetY.C.Zhong
15	龙州金花茶	*Camellialungzhouensis*Luo
16	武鸣金花茶	*Camelliawumingensis*S.YeLiang&C.R.Fu
17	平果金花茶	*Camelliapingguoensis*D.Fang
18	顶生金花茶	*Camelliapingguoensis*var.*terminalis*（J.Y.Liang&Z.M.Su）T.L.Ming&W.J.Zhang
19	小花金花茶	*Camelliamicrantha*S.YeLiang&Y.C.Zhong
20	弄岗金花茶	*Camelliagrandis*（LiangetMo）H.T.ChangetS.Y.Liang
21	细叶金花茶	*Camelliaparvifolia*（Hayata）Cohen-Stuart

续 表

序号	品种名	拉丁名
22	扶绥金花茶	*Camelliafusuiensis*S.Y.Liang&X.J.Dong
23	天峨金花茶	*Camelliatianeensis*S.YunLiangetY.T.Luo
24	多瓣淡黄金花茶	*Camelliafavida*Changvar.*Polypetala*（LietHe）S.Y.Liang
25	淡黄金花茶	*Camelliaflavida*HungT.Chang
26	簇蕊金花茶	*Camelliafascicularis*HungT.Chang
27	直脉多瓣金花茶	*Camelliamultipetala*LiangetDengvar.*Patens*（LiangetMo）S.Y.Liang
28	博白金花茶	*Camelliabobaiensis*S.Y.LiangetJ.J.Wang
29	五室金花茶	*Camelliaaurea*Chang
30	大金花茶	*C.Grandis*（LiangetMo）ChangetS.Y.Liang
31	四川金花茶	*Camelliaszechuanensis*S.Y.LiangetY.C.Yang
32	贵州金花茶	*Camelliahuana*T.L.Ming&W.J.Zhang
33	云南金花茶	*Camelliafascicularis*H.T.Chang
34	离蕊金花茶	*Camellialiberofilamenta*H.T.ChangetC.H.Yang
35	越南东京金花茶	*Camelliatonkinensis*（Pitard）CohenStuart
36	越南抱茎茶	*Camelliaamplexicaulis*（Pit.）Cohen-Stuart
37	库克芳金花茶	*Camelliacucphuongensis*Ninh&Rosmann
38	厚叶金花茶	*Camelliacrassiphylla*Ninh&Hakoda
39	塔姆岛金花茶	*Camelliatamdaoensis*HakodaetNinh
40	胡龙金花茶	*Camelliahulungensis*RosmannetNinh

金花茶活性成分分析、分离、纯化及鉴定是金花茶研究的基础性工作，可以为金花茶医药、食品、日化等领域相关产品提供科学有效的关键理论基础及核心技术支持。研究发现，金花茶资源中含有丰富的 β-香树脂醇、泽兰

酸、槲皮素、芦丁、*L*- 茶黄素、绿原酸、金花茶多糖等活性成分。令人欣喜的是，一些金花茶活性成分具有较好的抗炎、抗氧化、抗病毒、降血脂等功效。本团队近期也成功从金花茶中分离纯化得到绿原酸、*L*- 茶氨酸、3,3′- 双没食子酸酯茶黄素等单体成分。笔者以分离得到的 *L*- 茶氨酸为例进行研究。在最优条件下，*L*- 茶氨酸将 SARS-CoV-2 的病毒滴度降至 0.83×10^4 pfu/mL，仅相当于空白对照组的病毒滴度值的 4.8%，这充分显示金花茶单体物质在医药保健领域的广阔潜力。

针对不同品种金花茶的现有研究很少，更缺乏成体系的、标准化的方法学研究。目前采用的高效液相色谱法、容量分析法等传统检测方法受限于较高的检测限，其灵敏性和选择性均有不足。基于此，笔者致力于运用前沿技术，如石墨烯纳米技术，并结合基质辅助激光解吸电离飞行时间质谱法（matrix-assistedlaserdesorptionionizationtime-of-flightmassspectrometry, MALDI-TOF MS）、搅拌棒吸附萃取 - 气相色谱 - 质谱法（stirbarsorptiveextraction-gaschromatography-massspectrometry, SBSE-GC-MS）等技术，对金花茶不同品种的花、叶、果等部位中的化学物质进行深入研究。

基于此，笔者深入探索了石墨烯材料在岭南金花茶 3,3′- 双没食子酸酯茶黄素等 40 ～ 60 个单体成分的高效分离技术，同时验证了这些成分潜在的抗病毒、降血脂等药物活性，以期为岭南特色金花茶资源高值化利用奠定坚实的基础，并促进种植户增收。本项目的顺利实施有望抢占国内、国际各品种金花茶研究的国际学术制高点，形成一批重要理论成果和学术集聚效应，并为金花茶资源的保护与可持续利用提供坚实基础。本项目将促进中越及中国 - 东盟文化科技交流，为“一带一路”倡议合作增添一抹金色纽带。

如前所述，金花茶对生长环境极为挑剔，导致其野生植株日益稀少，部分野生植株甚至仅见几十株乃至几株，亟待加强保护性研究。本专著相关研究的创新之处在于：

（1）传统的金花茶成分表征技术在分析灵敏度、检测限及选择性或实验结果重现性等方面存在一定不足。一些金花茶活性物质分离技术存在溶剂残留、分离效率低、大孔吸附树脂或分离膜的重复利用率不高等问题。这些问题使传统技术难以满足金花茶活性成分高灵敏检测或高效分离的研究需求。鉴于金花茶研究的跨学科性，构建新型高灵敏检测方法，探索选择性电化学传感器分析方法以及活性物质高效富集、分离、纯化等技术，从而形成完整方法学体系并深入研究机制势在必行。

（2）笔者应用基于石墨烯新型涂层或基质的 SBSE-GC-MS、MALDI-TOF MS 高灵敏检测金花茶中氨基酸、表儿茶素、棕榈酸、挥发性精油成分等；或将石墨烯材料作为纳米传感器的增敏材料，并与分子印迹技术相结合，构建了对某一金花茶或其他药物单体具有选择性识别响应的电化学传感器。这一系列原创性研究，构建了基于功能性石墨烯纳米材料的金花茶物质成分检测方法的完整体系，并大幅提高了金花茶活性成分检测灵敏度，降低了检测限，提升了结果的重现性。

笔者在进行本书有关工作时积极联合了有关企业，共同构建了显著优于原有技术指标的基于纳米技术的金花茶各物质成分检测的国家标准或行业标准，引领本领域技术升级。本项目也拟通过筛选金花茶中表没食子儿茶素没食子酸酯（epigallocatechin gallate, EGCG）、表没食子儿茶素（EGC）等不同茶多酚类活性成分，金花茶中黄酮醇、黄烷醇等黄酮类物质，筛选出外源性金花茶活性物质抑制不同癌活性的相关有效靶分子。

（3）笔者综合利用计算机、纳米材料、化学等领域的知识，有望实现纳米材料物质高灵敏检测、单体高效分离纯化，从而缓释药物负载，开发满足多重敏感型纳米胶材料、小型纳米机器人特种材料以及医疗环保等多元需求的材料。同时，完成了聚乳酸 / 氧化石墨烯纳米复合材料、脲醛树脂 / 石墨烯纳米复合材料、超支化聚硼酸酯 / 氧化石墨烯纳米复合材料、酚醛树脂 / 氧化石墨烯纳米复合材料、聚噻吩 / 石墨烯纳米复合材料、石墨烯 / 有机骨架多孔吸附材料、石墨烯氧化物 / 金属粒子 / 对聚醚砜共混超滤膜等一批重要的功能性石墨烯新材料的设计与制备技术，并形成成熟理论。

（4）笔者通过多学科协同攻关，设计并制备出超支化聚硼酸酯 / 氧化石墨烯纳米复合材料、石墨烯 / 有机骨架多孔吸附材料、三异氰酸酯 / 石墨烯气凝胶、石墨烯 / 碳纳米管混合气凝胶等不同功能化修饰的石墨烯吸附或分离材料，或氧化石墨烯 - 金属粒子 - 对聚醚砜共混超滤膜等不同石墨烯膜分离材料，并将这些材料应用于各种金花茶部位（花、叶、果等）中活性单体高效富集、分离及纯化研究。同时，研究基于石墨烯纳米材料的岭南金花茶各活性单体成分高效富集、分离及纯化相关机制，形成基于石墨烯等纳米分离技术的金花茶中苏氨酸、绿原酸、山柰酚 -3-*o*-[2-*o*-（反式 -*p*- 香豆酰）-3-*o*-*a*-*D*-吡喃葡萄糖基]-α-*D*- 吡喃葡萄糖苷、α- 菠菜甾醇等不同金花茶单体标准化分离纯化工艺，联合构建显著优于原有技术指标的金花茶等天然产物活性成分标准化高效分离工艺，并形成理论成果，引领产业升级转型。

（5）笔者分离出 40 ～ 60 个金花茶活性单体（含 10 ～ 20 个新化合物），获得每个单体化合物完整的红外光谱、质谱、核磁共振氢谱、碳谱、二维谱、元素分析等谱学数据并整理成册，为相关企业开发金花茶产品提供了借鉴。

（6）笔者对分离纯化后所有金花茶活性单体分别开展深入的抗病毒、降血脂等药理活性筛选研究，力争发现 2 ～ 3 个新骨架化合物并筛选出 1 ～ 2 个抗病毒活性突出、1 ～ 2 个降血脂活性突出，以及具有一定丰度的金花茶单体化合物。同时，深入阐明金花茶抗病毒或降血脂作用机理，总结金花茶活性单体作用各类病毒或降血脂的构效关系规律，为合理开发利用岭南特色金花茶资源，以及当前抗病毒或降血脂创新药物先导物的发现提供重要科学依据。

（7）金花茶对生长环境极为挑剔，野生植株日益稀少，有些野生植株只发现几十株甚至几株，亟待加强保护性研究。国内外关于金花茶的研究日益增多。笔者通过集中立项若干国家级课题，围绕珍贵金花茶资源开展有组织的科学研究，旨在号召人们保护我国珍贵野生金花茶种质资源。这些研究成果的发表可以增强人们的资源保护意识，为国家后续金花茶资源保护及可持续利用举措奠定良好基础，并通过“一带一路”倡议让中国金花茶科技走出国门，为我国与国外的文化及科技交流增添一抹金色纽带。

第 2 章　金花茶活性物质检测方法研究

2.1　以石墨烯纳米梭为基质的MALDI-TOF MS检测金花茶氨基酸

现有金花茶氨基酸检测方法存在较大局限性。在色谱法中，由于金花茶氨基酸成分复杂，一些品种甚至含有多达数 10 种氨基酸成分，且不少氨基酸结构、极性接近，采用色谱法检测到的一些氨基酸色谱峰分离度过小，这会对结果判断的准确性造成影响。一些色谱检测方法检测限仍有局限，一些含量较低的氨基酸不容易被检出。氨基酸自动分析仪在检测金花茶氨基酸时也存有较大不足。例如，在应用该方法时，氨基酸经离子交换柱分离，在柱后与水合茚三酮衍生剂混合进行反应，极易造成柱后扩散比较大，峰形变宽，分辨率降低；而邻苯二甲醛等一些柱后衍生剂虽可采用荧光检测，但不能与亚氨基反应，故不能检测脯氨酸，存在严重漏检现象。基于此，有必要设计、构建新型微量、高灵敏、高分辨率的金花茶氨基酸检测方法。

MALDI-TOF MS 是近年来发展起来的一种新型软电离生物质谱，具有灵敏度高、准确度高及分辨率高等特点，广泛应用于天然产物分析中，符合金花茶类复杂样品氨基酸检测要求。在 MALDI-TOF MS 分析中，基质起着吸收、传递激光能量以及使样品离子化的决定性作用。目前，市场上出售的常用基

质有 α- 氰基 -4- 羟基肉桂酸、2,5- 二羟基苯甲酸等。但传统 α- 氰基 -4- 羟基肉桂酸等基质极易受复杂样品中的其他物质（如金花茶花、叶、果中的蛋白质、盐、果胶等）的干扰，对检测灵敏度造成影响，且 α- 氰基 -4- 羟基肉桂酸等传统有机基质极易受热解离，造成低分子量区域内大量基质峰的存在，干扰检测结果。令人欣慰的是，石墨烯也可作为新型基质替代 MALDI-TOF MS 分析中存在较大不足的传统基质。在这个过程中，石墨烯作为基底成功俘获被分析物，并通过激光辐射将能量转移至被分析物。在分析过程中，被分析物可迅速解吸和离子化，从而很好地排除基质本身离子的干扰。石墨烯纳米材料的透射电子显微镜图如图 2-1 所示。

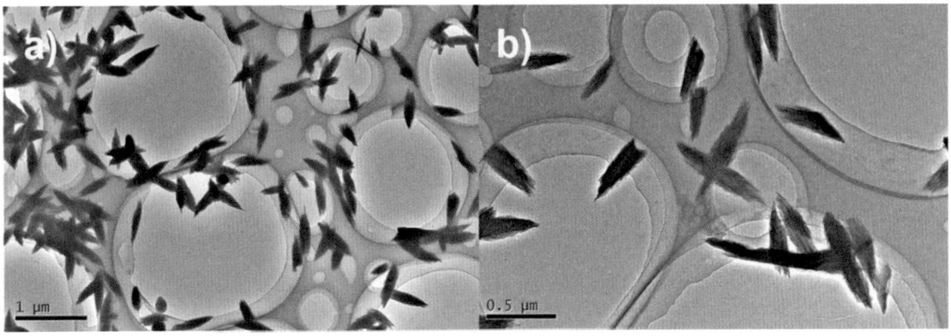

图 2-1　石墨烯纳米材料的透射电子显微镜图

笔者以所制备的石墨烯纳米梭为 MALDI-TOF MS 新型基质，对金花茶中各氨基酸成分进行检测。实验中，将 0.5 μL 待测样品（1 mg/mL）滴加到预先已制备基质薄膜的基质辅助激光解吸电离（matrix-assistedlaserdesorptionionization, MALDI）靶上，使样品与基质形成混晶二次结晶，进行 MALDI-TOF MS 分析，所得谱图如图 2-2 所示。

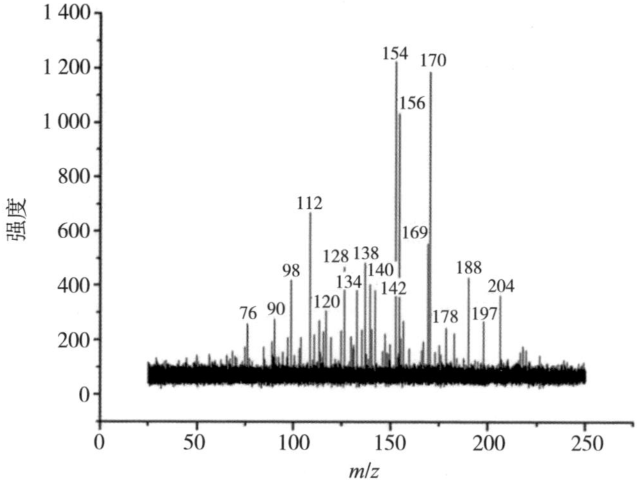

图 2-2　以所制备石墨烯纳米梭为基质检测金花茶氨基酸活性成分的 MALDI-TOF MS 分析谱图

实验结果显示，基于石墨烯纳米梭的 MALDI-TOF MS 分析可成功实现金花茶中天冬氨酸（asparticacid, Asp）、苏氨酸（threonine, Thr）、丝氨酸（serine, Ser）、谷氨酸（glutamicacid, Glu）、脯氨酸（proline, Pro）、甘氨酸（glycine, Gly）、丙氨酸（alanine, Ala）、缬氨酸（valine, Val）、异亮氨酸（isoleucine, Ile）、亮氨酸（leucine, Leu）、酪氨酸（tyrosine, Tyr）、苯丙氨酸（phenylalanine, Phe）、赖氨酸（lysine, Lys）、精氨酸（arginine, Arg）、组氨酸（histidine, His）15 种氨基酸（包括 7 种人体必需氨基酸：Thr、Val、Ile、Leu、His、Phe 和 Lys）的检测。这些氨基酸成分在高信噪比时可以被电离为 $[M+Na]^+$ 离子，也有一部分被电离为 $[M+H]^+$，并成功被石墨烯所俘获，且丰度理想，谱图背景干净，基质干扰较少，被分析物碎片离子也较少被观察到，各氨基酸峰区分度较高。这主要是由于石墨烯纳米梭具有较好的物理和电化学特性，其化学稳定性优异，可作为一类新型基质成功俘获金花茶氨基酸等被分析物，并通过激光辐射将能量转移至被分析物。在分析过程中，被分析物可迅速解吸和电离，并能很好地排除基质本身离子的干扰。整个检测过程具有很好的重现性和高灵敏性。

值得注意的是，尽管在待测样品中 Tyr（质荷比为 204，电离为 $[M+Na]^+$）、Arg（质荷比为 197，电离为 $[M+Na]^+$）和 His（质荷比为 178，

电离为 $[M+Na]^+$）等氨基酸的信号强度较小，但它们仍可以一直被检测到，这充分显示了以石墨烯纳米梭为基质的 MALDI-TOF MS 技术在低含量金花茶氨基酸检验方面的潜力。

作为参照，笔者也选用传统的 α- 氰基 -4- 羟基肉桂酸为基质，开展金花茶中各氨基酸活性成分检测研究，MALDI-TOF-MS 分析谱图如图 2-3 所示。深入研究发现，以 α- 氰基 -4- 羟基肉桂酸为基质时，金花茶氨基酸成分主要以 $[M+H]^+$ 离子形式存在（如 Gly 的质荷比为 76，Val 的质荷比为 118）。

在上述条件下，只检测到 12 种金花茶氨基酸（Asp、Thr、Ser、Glu、Pro、Gly、Ala、Val、Ile、Leu、Phe 和 Lys），而以石墨烯纳米梭为基质时检测到的金花茶氨基酸有 15 种。3 种信号较弱的氨基酸（Tyr、Arg 和 His）均无法直观地从图 2-3 观察到，表明应用 α- 氰基 -4- 羟基肉桂酸为基质的 MALDI-TOF MS 技术在检测的灵敏度、系统适用性等方面具有较大局限性。更重要的是，由图 2-3 可以直观地观察到，该图的背景峰非常杂乱，这会严重干扰分析结果。这主要是因为 α- 氰基 -4- 羟基肉桂酸基质本身不够稳定，这种基质的解吸、电离效果及化学稳定性不如石墨烯纳米梭，使金花茶氨基酸等被分析物在检测时存在较严重分解的情况，这对样品高灵敏检测非常不利。

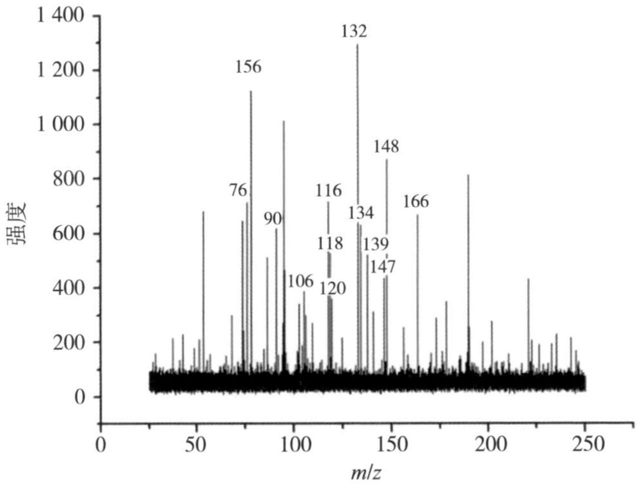

图 2-3　金花茶氨基酸活性成分 MALDI-TOF-MS 分析谱图

2.2 以谷壳为新型碳源制备石墨烯梭形纳米材料并检测金花茶氨基酸

搅拌棒吸附萃取（stir bar sorptive extraction, SBSE）技术可有效实现植物活性成分的动态搅拌富集，特别是低浓度样品的富集，且可与各种裂解器及检测器联用，很适合检测含量较低的金花茶花、叶、果等部位中的氨基酸成分。一般来说，SBSE 技术所用的涂层是聚二甲基硅氧烷（polydimethylsiloxane, PDMS）等高分子材料，其质地脆弱，极易断裂，在分析时容易出现萃取涂层材料的遗留或基质干扰现象，对结果造成一定干扰。

石墨烯纳米材料具有优异的化学、机械学、热学、电学等性质。以新型石墨烯纳米材料替代传统 SBSE 高分子涂层后，其机械性能、杨氏模量、断裂强度、化学稳定性等性能均显著提高，且使搅拌棒涂层材料用量大大减少，针对氨基酸等活性成分的吸附萃取效果明显增强，并赋予了萃取涂层在高速旋转萃取时的超强耐磨特性，使涂层材料不易断裂或解离，避免检测结果受到涂层材料的解离干扰，这样可使一些低含量的金花茶氨基酸成分被成功检出。

下面以谷壳等可再生资源为碳源，经改进型 Hummers 法、硼氢化钠还原及苯丙氨酸诱导自组装成功制备得到石墨烯纳米纤维，该纳米纤维直径为 100 ～ 300 nm，如图 2-4 所示，长度为 100 ～ 500 μm，如图 2-5 至图 2-7 所示。

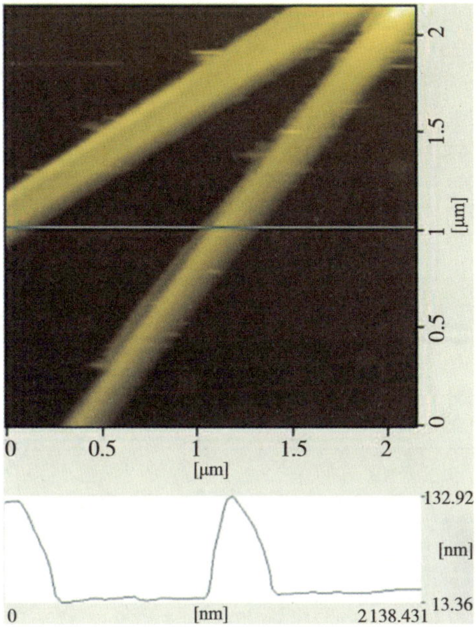

图 2-4　石墨烯纳米纤维原子力显微镜图

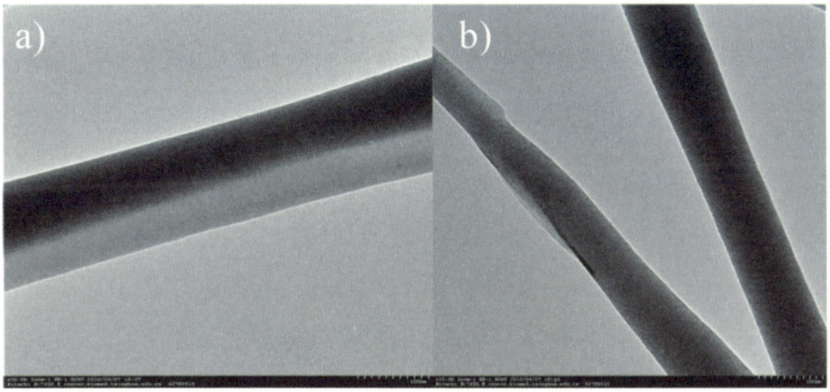

图 2-5　石墨烯纳米纤维透射电子显微镜图

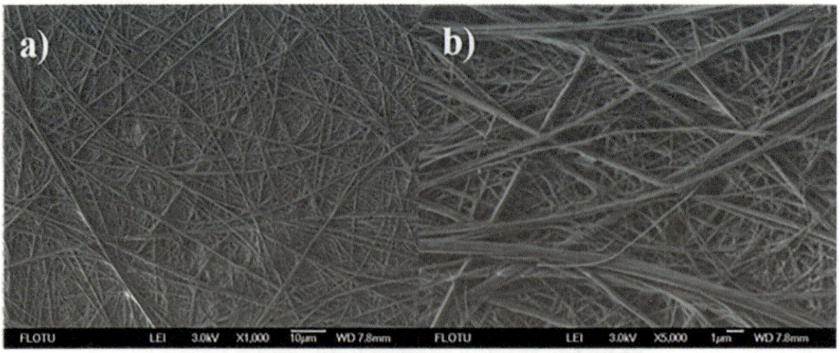

图 2-6 石墨烯纳米纤维扫描电子显微镜图

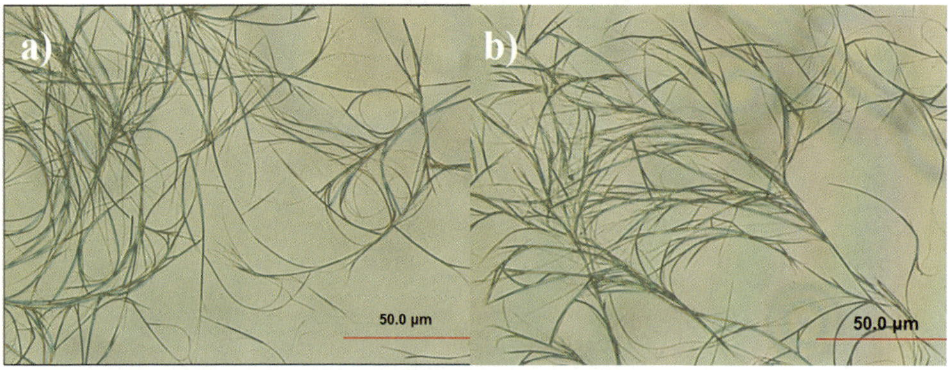

图 2-7 石墨烯纳米纤维生物显微镜图

笔者以所制备的谷壳源胺基修饰的石墨烯纳米纤维（Amino functionalized graphene nanofiber, aGRNF）为 SBSE 涂层材料，结合气相色谱-质谱法（gaschromatography-massspectrometry，GC-MS）检测金花茶果核中氨基酸活性成分。图 2-8 为以所制备的 aGRNF 为涂层材料的金花茶果核中的氨基酸活性成分的 SBSE-GC-MS 分析图。

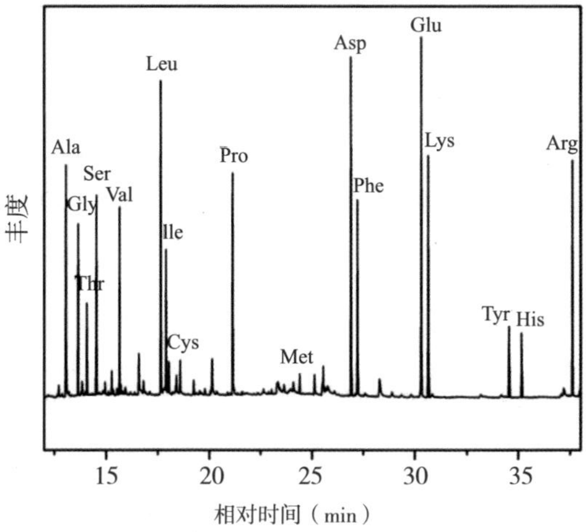

图 2-8　以所制备的 aGRNF 为涂层材料的金花茶氨基酸活性成分 SBSE-GCMS 分析

实验数据显示，本工作所制备的 aGRNF 纳米纤维可成功替代传统 PDMS 等 SBSE 涂层，经吸附萃取、热解吸并结合 GC-MS 分析可成功检测得到 17 种金花茶果核氨基酸，即 Ala、Gly、Thr、Ser、Val、Leu、Ile、半胱氨酸（cysteine, Cys）、Pro、蛋氨酸（methionine, Met）、Asp、Phe、Glu、Lys、Tyr、His 和 Arg，其中包括 7 种成人必需氨基酸（Thr、Val、Leu、Ile、Met、Phe 和 Lys）。并且，各氨基酸峰丰度理想，谱图背景干净，涂层材料干扰较少，被分析物碎片离子也较少被观察到，各氨基酸峰区分度理想。这主要是由于所制备的石墨烯纳米纤维具有较好的物理和电化学特性，化学稳定性、比表面积、杨氏模量和断裂强度等均较传统 SBSE 高分子涂层材料具有显著优势，可使搅拌棒涂层材料用量减少，增强对金花茶果核中的氨基酸等待萃取活性成分的吸附萃取效果，赋予萃取涂层在高速旋转萃取时的超强耐磨特性。应用该技术时，涂层材料不易断裂或解离，SBSE 搅拌棒的使用寿命显著延长，避免检测结果受到涂层基质解离干扰，使金花茶果核中的氨基酸成分具有更高的萃取量，有利于金花茶果核中的氨基酸活性成分（特别是低含量氨基酸）检测结果的高灵敏性和高重现性。

如表 2-1 所示，当 aGRNF 为涂层材料时，在金花茶果核氨基酸中相对含量最高的为 Glu，占所有氨基酸含量的 11.23%；相对含量居第二位的是 Asp，占所有氨基酸含量的10.48%；相对含量最低的3种氨基酸依次为His、Cys和Met。值得注意的是，在检测数据中，Thr、Val、Leu、Ile、Met、Phe和Lys等成人必需氨基酸在所有氨基酸中的占比达38.62%。

表2-1 基于aGRNF涂层的SBSE-GC-MS技术检测金花茶果核中的氨基酸活性成分

序 号	氨基酸名称	保留时间(min)	相对含量(mg/g)	占总量的百分比(%)
1	Ala	13.06	4.9	7.34
2	Gly	13.65	3.7	5.54
3	Thr*	14.07	2.1	3.14
4	Ser	14.52	4.3	6.44
5	Val*	15.64	4.1	6.14
6	Leu*	17.65	6.6	9.88
7	Ile*	17.91	3.2	4.79
8	Cys	18.59	0.6	0.90
9	Pro	21.14	4.8	7.19
10	Met*	24.39	0.5	0.75
11	Asp	26.90	7.0	10.48
12	Phe*	27.21	4.2	6.29
13	Glu	30.31	7.5	11.23
14	Lys*	30.64	5.1	7.63
15	Tyr	34.55	1.7	2.54
16	His	35.16	1.5	2.25
17	Arg	37.61	5.0	7.49
18	成人必需氨基酸	—	25.8	38.62
总量	—	—	66.8	—

注：带“*”的为成人必需氨基酸。

作为对比，笔者也以传统 PDMS 为 SBSE 涂层，在相同条件下检测了金花茶果核中的氨基酸活性成分。如图 2-9 所示，最终只检测到 14 种氨基酸，分别为 Ala、Gly、Thr、Ser、Val、Leu、Ile、Pro、Asp、Phe、Glu、Lys、His 和 Arg。

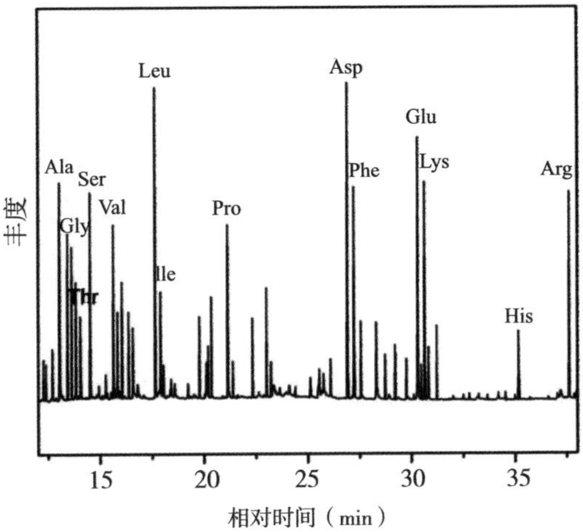

图 2-9　以传统 PDMS 为涂层材料的金花茶氨基酸活性成分 SBSE-GCMS 分析

由图 2-9 可知，Cys、Met 和 Tyr 这 3 种氨基酸的峰均未捕捉到。这 3 种氨基酸均为含量较低的金花茶果核氨基酸，在以 aGRNF 为涂层时均可成功被检出。这表明以 PDMS 为涂层材料时，其 SBSE-GC-MS 检测灵敏度较以 aGRNF 为涂层时的 SBSE-GC-MS 检测灵敏度显著降低。以传统 PDMS 为涂层检测得到的图的背景中杂峰很多，不仅干扰结果判断，还使一些低含量氨基酸的检测数据没有被看到。这主要是 PDMS 等传统高分子 SBSE 涂层材料在机械强度、断裂强度、柔韧性、化学稳定性等方面不如本书制备的石墨烯纳米纤维，且 PDMS 等传统涂层质地较脆，在受热或长期使用下极易断裂，在分析金花茶果核中的氨基酸活性成分时容易出现基质干扰现象，使检测结果背景峰杂乱，严重影响最终检测结果的灵敏度、分离度及重现性。

2.3 石墨烯－顶空搅拌棒联用技术检测金花茶中挥发性精油成分

下面应用以谷壳等可再生资源为碳源的三维介孔石墨烯的顶空搅拌棒固相吸附萃取－气相色谱－质谱法高效检测金花茶花朵、叶、果实中二十三烷、（E,E）-2,4- 十二碳二烯醛、香叶基丙酮、（E）-9- 十八烯酸、棕榈酸、硬脂酸等天然挥发性精油活性成分。该技术可分别实现金花茶不同部位中挥发性精油成分的有效检测，具有样品用量少、操作时间短、无需萃取溶剂、检测灵敏度高、再现性好等特点。该部分工作以谷壳、玉米秆等可再生资源为原料，采用改进 Hummer 法及可控热处理法制备得到壳聚糖功能化的三维石墨烯纳米材料，并成功将其作为顶空搅拌棒吸附萃取的萃取涂层，在优化的实验条件基础上建立了金花茶中挥发性精油有效成分的顶空搅拌棒固相吸附萃取－气相色谱－质谱法高效检测技术，成功检测到（E）-9- 十八烯酸（18.72%）、棕榈酸（13.28%）、硬脂酸（5.67%）、（E,E）-2,4- 十二碳二烯醛（4.52%）、二十三烷（4.29%）、香叶基丙酮（2.65%）、（E,E）-2,4- 庚二烯醛（1.96%）等 43 种挥发性精油活性化合物，如图 2-10 与表 2-2 所示。该技术具有操作时间短、样品用量少、无须萃取溶剂、检测限低及再现性好等特点，是一种实用性较强的金花茶中挥发性精油活性成分检测技术。

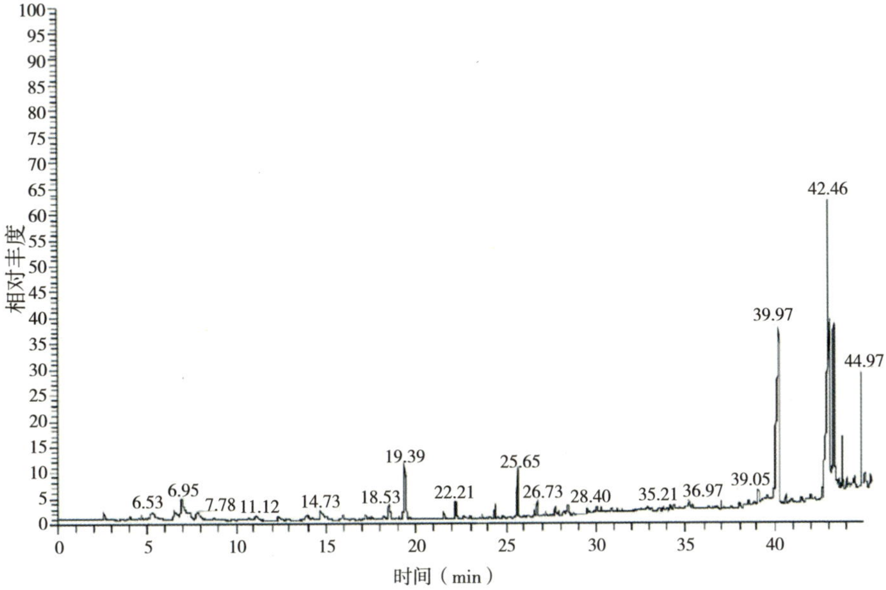

图2-10　石墨烯－顶空搅拌棒联用技术检测金花茶中挥发性精油活性成分总离子图

表2-2　金花茶挥发性精油成分的顶空搅拌棒固相吸附萃取-气相色谱-质谱法分析结果

序　号	保留时间(min)	化合物名称	相对质量分数(%)
1	6.53	(E,E)-2,4-庚二烯醛	1.96
2	7.44	己酸	0.35
3	7.78	苯乙醛	0.65
4	10.76	1-壬醛	0.28
5	11.12	芳樟醇	0.48
6	14.28	2-(甲基苯基)异丙醇	0.12
7	14.73	1,6-辛二烯-3-醇-3,7-二甲基丙酸	0.78
8	15.02	癸醛	0.15
9	16.17	(Z)-3,7-二甲基-2,6-辛二烯醛	0.06
10	17.22	2-癸烯醛	0.32
11	17.44	柠檬醛	0.15
12	17.57	丁烯基环己烯	0.25

续　表

序　号	保留时间(min)	化合物名称	相对质量分数(%)
13	18.53	(E,E)-2,4-十二碳二烯醛	4.52
14	18.95	壬酸	0.07
15	21.56	反式-2-十一烯醛	0.32
16	22.21	β-大马士酮	1.02
17	23.02	癸酸	0.15
18	23.92	月桂醛	0.18
19	24.38	α-紫罗酮	0.71
20	25.65	香叶基丙酮	2.65
21	26.59	4-[2,2,6-三甲基-7-氧杂二环[4.1.0]庚-1-基]-3-丁烯-2-酮	0.32
22	26.73	β-紫罗酮	0.98
23	27.89	2,6-二叔丁基对甲基苯酚	0.30
24	29.53	顺式-3-已烯醇苯甲酸酯	0.26
25	30.05	橙花叔醇	0.57
26	30.30	月桂酸	0.35
27	31.19	十四醛	0.68
28	31.17	十六烷	0.18
29	34.03	二十烷	0.77
30	34.19	(2E,6E)-3,7,11-三甲基-2,6,10-十二烷三烯醛	0.29
31	35.21	肉豆蔻酸	0.45
32	36.76	3-甲基金刚烷	0.20
33	36.97	植酮	0.48
34	37.98	7,9-二叔丁基-1-氧杂螺(4,5)癸烯二酮	0.37
35	38.58	金合欢醇丙酮	0.26

续　表

序　号	保留时间(min)	化合物名称	相对质量分数(%)
36	39.97	棕榈酸	13.28
37	40.37	棕榈酸甲酯	0.32
38	42.25	亚油酸	0.36
39	42.46	(E)-9-十八烯酸	18.72
40	42.79	硬脂酸	5.67
41	43.34	二十五烷	1.75
42	44.39	二十三烷	4.29
43	44.59	芥酸	0.65
合计	—	—	66.67

2.4　石墨烯 - 搅拌棒联用技术检测金花茶花朵中脂溶性活性成分

该部分工作合成了新型壳聚糖 - 石墨烯纳米复合材料。笔者使用透射电子显微镜、扫描电子显微镜、原子力显微镜、拉曼光谱、X 射线衍射和傅里叶红外光谱仪等分别对壳聚糖 - 石墨烯纳米复合材料的形貌和尺寸、结构进行了表征。同时，应用基于该新型壳聚糖 - 石墨烯纳米复合材料的搅拌棒固相吸附萃取 - 气相色谱 - 质谱法检测金花茶花朵中二十五烷、棕榈酸、表儿茶素等脂溶性活性成分。该技术具有简单快捷、检测灵敏度高、检测限低、再现性好等特点。

本书分别考察了涂有 100 μm 聚全氟化树脂（常见商用 SBSE 膜之一）、100 μm 壳聚糖 - 石墨烯、40 μm 壳聚糖 - 石墨烯涂层的 SBSE 萃取棒的萃取能力，以色谱峰个数和色谱峰总面积为衡量指标。结果显示，在同等积分条件下，100 μm 聚全氟化树脂 SBSE 萃取棒共检出 65 个峰，峰面积和为 875 mAU · s，100 μm 壳聚糖 - 石墨烯纳米复合材料涂层的 SBSE 萃取棒共检出 82 个峰，峰面积和为 1 153 mAU · s；40 μm 壳聚糖 – 石墨烯纳米复合材料涂层的 SBSE 萃取棒共检出 61 个峰，峰面积和为 758 mAU · s。无论是对峰面积和还是对峰个数的考察，100 μm 壳聚糖 – 石墨烯纳米复合材料涂层的 SBSE 萃取棒均具有明显的优势，能够更有效地萃取、吸附金花茶花朵中脂溶性活性成分。实验数据分析表明，金花茶花朵主要含有棕榈酸、表儿茶素、三十烷基乙酸酯等极性相对较大活性成分，而壳聚糖 – 石墨烯纳米复合材料涂层的 SBSE 萃取棒对极性较大成分的萃取能力较商用聚全氟化树脂（对弱极性物质萃取能力强）更强。SBSE 萃取包括吸附及解吸两个动态过程。研究发现，萃取温度能够影响 SBSE 萃取棒对金花茶中脂溶性活性成分的吸附量，实验选定 6 个温度点（25℃、35℃、50℃、55℃、60℃、70℃）进行检测分析，萃取吸附时间 25 min，以色谱峰总面积作为考察指标。一般来讲，试样温度升高能增加金花茶花朵中脂溶性油性成分的溶出度及溶出效率，这对萃取是有利的。但当温度达到一定程度后，吸附和解吸的速度都会同步加快，在某个特定温度下吸附和解吸可达到动态平衡，此时 SBSE 萃取棒的吸附量达到最大。实验结果表明，当吸附温度为 50℃时，吸附量（色谱峰总面积为衡量指标）已经达到最大值，55℃时脂溶性活性成分吸附量已经开始下降。因此，本书选择最终吸附温度为 50℃。

一般来说，在 SBSE 萃取过程加入氯化钠等盐类物质可以提高 SBSE 萃取棒对溶液中极性物质的萃取效率。本书选取常见的盐析剂氯化钠，考察了盐析剂浓度为 0%、2.5%、5.0%、7.5% 时，对基于石墨烯的 SBSE 萃取金花茶花朵中脂溶性活性成分的萃取效果。研究结果显示，盐析剂的加入对萃取效率的影响并不明显。因此，本书不添加任何盐析剂。深入研究发现，金花茶花朵中脂溶性活性成分的最佳萃取条件如下：萃取棒为涂有 100 μm 壳聚糖 – 石墨烯涂层的 SBSE 棒，样品用量 10 mL，样品瓶 20 mL，磁力搅拌子转速 1 300 r/min，平衡及吸附温度 50℃，吸附萃取时间 25 min。本次研究共计 82 个成分被积分得到。笔者经过比对、解析，鉴定了 59 个成分，其中相对质量分数较高的有二十五烷（4.68%）、6,10,14- 三甲基 -2- 十五烷酮（2.55%）、正二十八烷（2.17%）、十一烷基环己烷（1.97%）、棕榈酸（1.58%）、邻苯二甲酸单（2-

乙基己基）酯（1.51%）、三十烷基乙酸酯（1.62%）、表儿茶素（1.45%）等，未鉴定成分中无含量较高成分。鉴定结果如表 2-3 所示。

表2-3　金花茶花朵中脂溶性活性成分的SBSE-GC-MS分析结果

序　号	保留时间（min）	化合物名称	相对质量分数（%）
1	4.12	没食子酸	0.08
2	4.96	1-甲基-2-辛基环丙烷	0.27
3	5.05	儿茶素	0.36
4	6.02	邻苯二甲酸二甲酯	0.61
5	6.27	4-羟基-3-叔丁基-苯甲醚	0.32
6	6.85	表儿茶素	1.45
7	7.31	5,6,7,7a-四氢-4,7,7a-三甲基-2-（4H）-苯并呋喃酮	0.53
8	8.02	表儿茶酚	0.13
9	8.29	6-甲基-5-异丙基-5-庚烯-3-炔-2-醇	0.22
10	8.71	（-）- 表没食子儿茶素	0.31
11	9.23	（*r*）-（+）-1,2- 环氧十二烷	0.26
12	9.67	绿原酸	0.13
13	9.98	4-甲基十六烷	0.07
14	10.12	紫罗兰酮	0.22
15	10.77	6,10,14-三甲基-2-十五烷酮	2.55
16	11.17	2-噻吩乙酸-4-十三烷基酯	0.48
17	11.33	棕榈酸	1.58
18	12.05	邻苯二甲酸二丁酯	0.47
19	12.33	棕榈酸乙酯	0.57
20	12.69	二十烷	0.15
21	13.01	花青素	0.33

续 表

序　号	保留时间（min）	化合物名称	相对质量分数（%）
22	13.37	2-（7-十二烷氧基）-四氢-2H-吡喃	0.41
23	14.08	1-溴代十四烷	0.83
24	14.20	7, 10 – 二烯十六烷酸	0.19
25	14.81	1-（17-羟基 -15, 16-二甲氧基 -19, 21- 白坚木碱-1- 炔基）-丙酮	0.13
26	14.98	2-丙烯基环己烷	0.46
27	15.16	没食子儿茶素没食子酸酯	0.12
28	15.25	表儿茶酸	0.49
29	15.48	2-十八烷基-1, 3-丙二醇	0.71
30	15.66	十九烷	0.53
31	16.16	1-二十七醇	0.97
32	16.59	十七烷	1.49
33	17.03	1-氯代十九烷	0.29
34	17.22	2, 6, 10, 15-四甲基十七烷	0.13
35	17.34	环二十四烷	0.17
36	17.68	三十烷基乙酸酯	1.62
37	17.75	十一烷基环己烷	1.97
38	17.92	二十四烷	0.55
39	18.03	三十二烷基三氟醋酸酯	0.44
40	18.15	五氟丙酸三十八酯	0.33
41	18.33	2, 6, 11-三甲基十二烷	1.21
42	18.91	三十五烯	1.66
43	19.26	二十五烷	4.68
44	19.59	顺式-9-二十三烯	0.18
45	19.81	1-二十六烯	0.06
46	20.07	2-（十八氧基）乙醇	1.32

续　表

序　号	保留时间（min）	化合物名称	相对质量分数（%）
47	20.39	槲皮素	0.23
48	20.65	碘代十六烷	0.09
49	21.72	邻苯二甲酸单（2-乙基己基）酯	1.51
50	21.76	二十一烷	1.83
51	22.18	2, 6, 10, 14-四甲基十六烷	0.55
52	22.91	2, 6, 10, 14, 18-五甲基，2, 6, 10, 14, 18-二十五烯	0.26
53	23.04	正十八烷	0.05
54	23.20	山柰酚	0.26
55	23.91	溴代二十烷	0.12
56	25.15	正二十八烷	2.17
57	25.56	α-香树素	1.19
58	29.17	天然维生素 E	0.78
59	29.36	棕榈酸乙酯	0.43
合计	—	—	41.5

该部分工作以谷壳、玉米秆等可再生资源为碳源，采用改进型 Hummers 法及可控热处理法制备得到壳聚糖功能化的石墨烯纳米材料，并成功将其作为搅拌棒吸附萃取的萃取涂层，在优化的实验条件基础上建立了金花茶花朵中脂溶性活性成分的搅拌棒固相吸附萃取 - 气相色谱 - 质谱法高效检测技术，成功检测到 59 种脂溶性活性成分。该技术具有简单、快捷、操作时间短、样品用量少、无须萃取溶剂、检测限低及再现性好等特点，是一种实用性较强的金花茶花朵中脂溶性活性成分高灵敏检测技术。

第 3 章　基于石墨烯电化学传感器的金花茶中 *L*- 赖氨酸选择性检测体系构建

氨基酸检测在食品加工、营养分析、医药检测、医疗诊断和科学研究等领域具有重大意义。目前，茶、金花茶或果蔬中氨基酸检测大多采用色谱法或氨基酸自动分析仪。例如，张佳应用衍生试剂 *N*-（特丁基二甲基硅烷）-*N*-甲基三氟乙酰胺含叔丁基二甲基氯硅烷、气相色谱和气相色谱 - 质谱联用仪测定茶叶中的游离氨基酸，比较了衍生温度、时间、酸度及辅助试剂等对衍生效率的影响。① 韦记青等人采用氨基酸自动分析仪分析了金花茶及显脉金花茶成熟植株叶片中氨基酸成分，发现两种金花茶均含有苏氨酸、缬氨酸等 7 种必需氨基酸，总氨基酸含量高于世界卫生组织及联合国粮食及农业组织的理想蛋白质要求。② 钟秋珍等人利用氨基酸分析仪测定了 5 个杨桃品种果实中 17 种氨基酸含量，为杨桃的良种选育提供了依据。③

单一种类天然氨基酸选择性识别检测对于食品、医疗及科研等方面意义重大。然而，氨基酸结构相似且不具电化学活性，因此检测较为困难。现有大多数检测方法为茶（金花茶）、果蔬中多种甚至 10 余种氨基酸同步检测。发

---

① 张佳 . 应用气相色谱—质谱测定茶叶中主要游离氨基酸及 ~（15）N 丰度的研究 [D]. 北京：中国农业科学院，2010.

② 韦记青，漆小雪，蒋运生，等 . 同群落金花茶与显脉金花茶叶片营养成分分析 [J]. 营养学报，2008（04）：420-421，424.

③ 钟秋珍，张玮玲，林武，等 .5 个杨桃品种果实氨基酸含量及组成分析 [J]. 福建果树，2011（03）：5-8.

展新的、简单、快速、灵敏度高、可实现单一天然氨基酸识别检测的氨基酸检测技术或方法十分重要。

研究者试图构建一些具有一定灵敏度的氨基酸传感器，如周丰以石墨烯为增敏材料，并与分子印迹技术相结合，构建了对 *L*- 色氨酸选择性识别响应的电化学传感器。① 但目前，尚无可检测 *L*- 赖氨酸的电化学传感器。

本部分工作通过一系列化学方法成功地制备了新颖的石墨烯 / 氧化铟（In_2O_3）立方体纳米复合材料，该复合材料可以充分结合石墨烯和 In_2O_3 纳米立方体的电学特性。通过透射电子显微镜和扫描电子显微镜观察可知，所得纳米复合材料中，尺寸为 30 ～ 70 nm 的立方结构 In_2O_3 均匀分布在石墨烯纳米片上。同时，笔者利用 *Rheinheimera sp.*、*Pseudoalteromonas tunicata*（AlpP）、长白山白眉蝮蛇蛇毒纯化后 *L*- 赖氨酸氧化酶、*Mucus of Scomber* japonicus、*Trichoderma viride* 等不同 *L*- 赖氨酸氧化酶修饰电极（最优选择为 *Rheinheimera sp.* 或 *Mucus of Scomber* japonicus），以所制备的石墨烯 /In_2O_3 立方体纳米复合材料，或者氨基修饰的二茂铁 / 石墨烯纳米材料、氧化锡 / 石墨烯纳米复合材料、二氧化钛 / 石墨烯纳米复合材料、石墨烯纳米纤维、不同氟化石墨烯、氮掺杂石墨烯、硼掺杂石墨烯、石墨烯量子点等不同石墨烯纳米材料为增敏材料，通过三电极体系成功构建了 *L*- 赖氨酸选择性检测石墨烯电化学传感器，高灵敏地检出金花茶中的 *L*- 赖氨酸成分，且该传感器具有良好的手性识别能力和 0.23 ～ 30 $\mu mol \cdot L^{-1}$ 的宽线性范围，具有良好的选择性和抗干扰性。金花茶中的其他各种氨基酸对 *L*- 赖氨酸的检出干扰极小，该检测方法成本低、操作简便，实在令人惊喜（图 3-1、图 3-2）。

① 周丰 . 石墨烯掺杂分子印迹氨基酸手性传感器的研制及其识别性能研究 [D]. 泉州：华侨大学，2012.

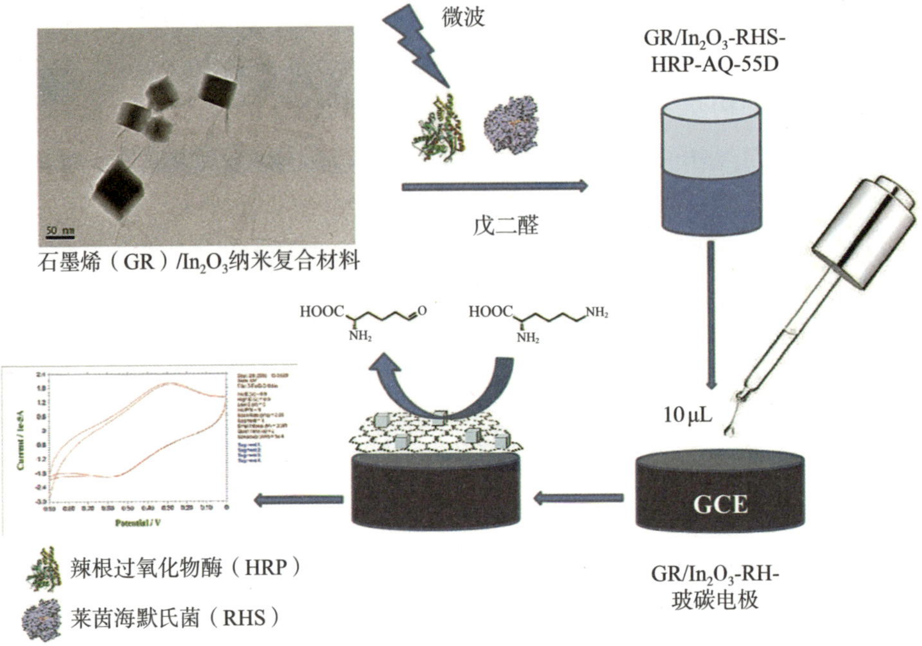

图 3-1　金花茶 *L*- 赖氨酸选择性检测的石墨烯（如石墨烯 / 氧化铟立方体纳米复合材料）电化学传感器示意图

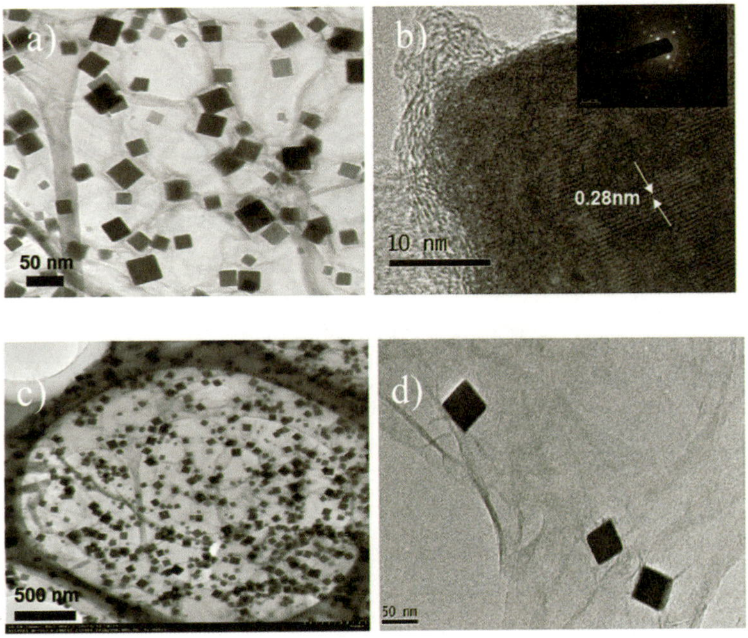

图 3-2　所制备石墨烯 / 氧化铟立方体纳米复合材料电镜图

典型工艺如下：取一支玻碳电极（glassycarbonelectrode, GCE），分别用 4#、5#、6# 的金相砂纸打磨，以获得抛光镜面；然后分别在 1 μm 和 0.3 μm 的氧化铝粉末上抛光；在丙酮中浸泡，取出后再依次在乙醇和二次水中超声洗涤 5 min；取出后自然干燥备用；取 18 mg *Rheinheimera* sp.（代表性的 *L*- 赖氨酸 -ε- 氧化酶，其对 *L*- 赖氨酸的氧化产物为 6- 半醛 -2- 氨基己二酸、氨气、过氧化氢，而非 *L*- 赖氨酸 -α- 氧化酶氧化 *L*- 赖氨酸产生的 2- 氨基 - 己二酮、氨气、过氧化氢），在搅拌下加入 70 μL 磷酸缓冲液（pH 为 7.0）；静置，取上层黄色酶溶液 25 μL，加入 45 μL Eastman AQ-55D 溶液中，随后加入 1.8 mg 牛血清蛋白、1 mg 辣根过氧化物酶、10 μL 预先制备石墨烯 / 氧化铟的 DMF 溶液及 10 μL 戊二醛溶液（12.5%），搅拌均匀，取此溶液滴在前述打磨好的玻碳电极表面，置于冰箱中干燥成膜，然后冰冻保存，得到石墨烯 / 氧化铟 – 玻碳电极。选取夏石金花茶为研究对象，按本团队前期工作所述方法制备氨基酸萃取水溶液（图 3-3）。

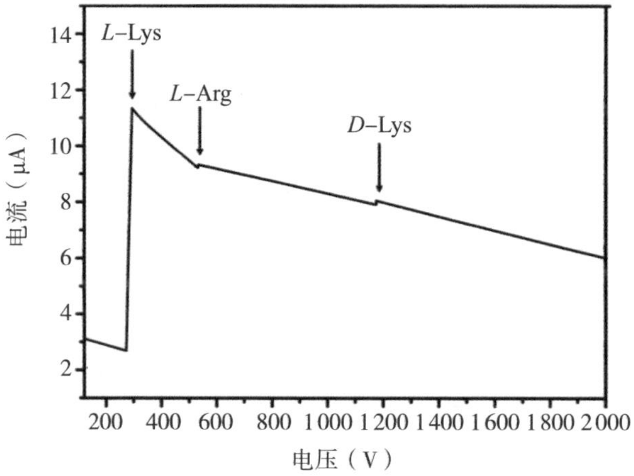

图 3-3　基于石墨烯 / 三氧化二铟立方纳米复合材料的金花茶中 *L*- 赖氨酸纳米传感器选择性构建：电流响应（添加浓度为 0.45% 的 *D*-Lys），施加电势：0.85 V

在 10 mL 电解池中加入 2 mL 磷酸缓冲溶液（pH 为 7.8），将上述制备的石墨烯 / 氧化铟 - 玻碳电极、铂电极、饱和甘汞电极一起插入电解池，形成三电极体系。温度保持在（20 ± 0.5）℃，工作电压 +0.18 V（在使用饱和甘汞电极的条件下），在 *X*-*Y* 记录仪上记录电流随 *L*- 缬氨酸浓度的变化，用标准曲线法确定预先制备的金花茶氨基酸萃取液中 *L*- 缬氨酸溶液的含量信息。有趣的是，研究结果表明，该电化学传感器仅可测定 *L*- 赖氨酸，对其他氨基酸均无响应，实现了选择性识别分析的目标。这主要与本实验设计采用 *Rheinheimera* sp. 酶有关，结果如图 3-4—图 3-5 所示。

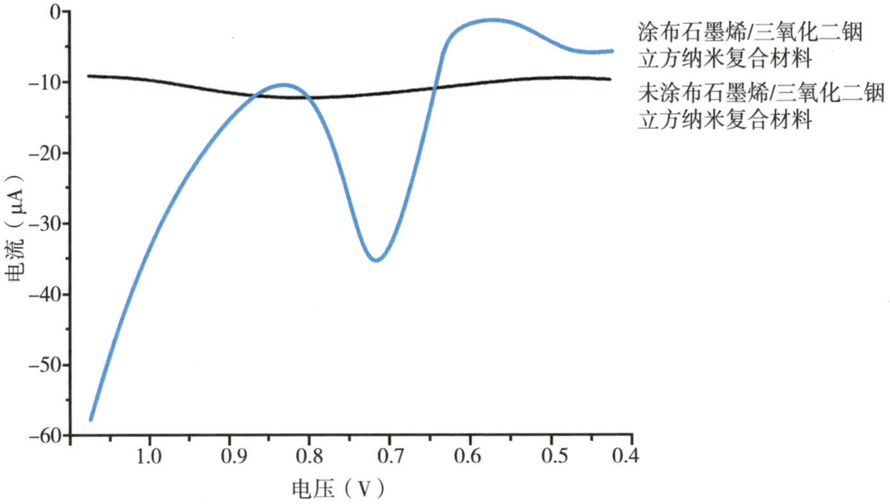

图 3-4　基于石墨烯 / 三氧化二铟立方纳米复合材料的金花茶中 *L*- 赖氨酸纳米传感器选择性构建：电极对 *L*-Lys 的差分脉冲伏安法（DPV）响应

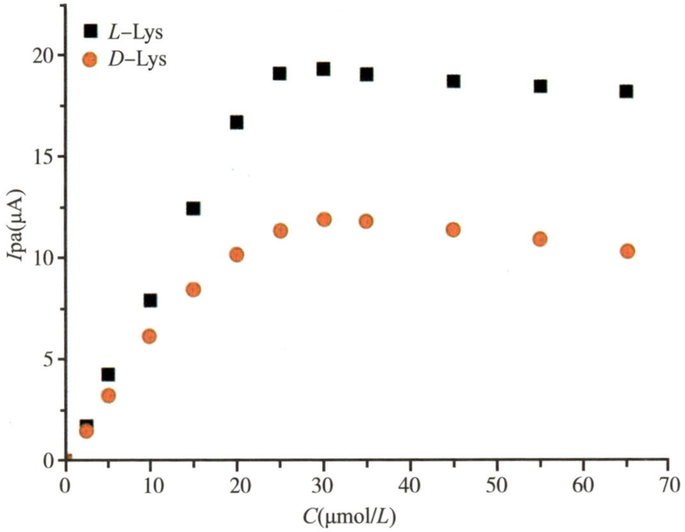

图 3-5　基于石墨烯 / 三氧化二铟立方纳米复合材料的金花茶中 *L*- 赖氨酸纳米传感器选择性构建：传感器对 *L*-Lys 和 *D*-Lys 电流的选择性响应曲线

利用制得的*L*-赖氨酸电化学传感器对金花茶中的*L*-赖氨酸进行检测的较完整技术设计如下。

第一步，传感器构建。

所述基于石墨烯材料的*L*-赖氨酸电化学传感器构建具体包括以下步骤。

（1）首先，以20 mg石墨烯氧化物和50 mg氨基化二茂铁为原料，通过19.2 mg EDC和11.5 mg NHS偶联，经氨解、水合肼还原、洗涤、真空干燥等步骤，制得氨基二茂铁/石墨烯氧化物纳米复合材料。然后，取氨基二茂铁/石墨烯复合材料分散于DMF溶剂中，超声分散20 min，制成浓度为1 mg/mL的氨基二茂铁/石墨烯的DMF溶液备用。

（2）取18 mg *L*-赖氨酸氧化酶（由*Rheinheimerasp.*生产），在搅拌下加入70 μL磷酸缓冲液（pH为7.2），得到混合液静置备用。

（3）取一支玻碳电极，依次用粒度规格为4#、5#、6#的金相砂纸打磨，然后先后在粒度为1 μm和0.3 μm的氧化铝粉末上抛光，再将其放入丙酮中浸泡，取出后依次在乙醇和二次蒸馏水中超声洗涤5 min，再在浓度为1.0 mg/mL的$K_3Fe(CN)_6$溶液中采用循环伏安法对该玻碳电极进行处理，同时评估氧化还原峰电流和峰电位，直至循环伏安曲线趋于稳定后，取出该玻碳电极用二次蒸馏水清洗，然后自然干燥备用。

（4）取步骤（2）所得混合液中的上层黄色的酶溶液25 μL，加入45 μL质量浓度为1%～2%的Eastman AQ-55D水溶液中，然后加入1.8 mg牛血清蛋白、1 mg辣根过氧化酶、10 μL由步骤（1）所得的氨基二茂铁/石墨烯的DMF溶液以及10 μL质量浓度为12.5%的戊二醛溶液，搅拌均匀后，滴在步骤（3）所得的玻碳电极表面，再将玻碳电极放入冰箱中使其表面干燥成膜，然后将所得修饰后的玻碳电极冰冻保存。

其中，EastmanAQ-55D是伊士曼（Eastman）化学公司出售的一种伊士曼成膜剂，其为一种阳离子交换磺化聚酯聚合物，能够赋予生物敏感膜强附着力、高选择性、良好的离子交换性能和防污性能。

（5）在10 mL电解池中加入2 mL磷酸缓冲液（pH为7.8）作为测试底液，再取步骤（4）修饰后的玻碳电极（NF-GO-RH-GCE）作为工作电极，饱和甘汞电极作为参比电极，铂电极作为辅助电极，分别插入电解池中形成三电极体系，制得基于石墨烯材料的 *L*- 赖氨酸电化学传感器。

第二步，样品处理。

按照《中华人民共和国药典》（2020 年版）的要求，对秋季采摘的新鲜金花茶花朵进行优选，优选出的金花茶花朵原料必须符合无霉变、无异味、无杂质等特征。将优选出来的金花茶花朵洗净后，真空干燥，用多功能粉碎机粉碎。取粉碎后的金花茶花朵粉末少量，过 80 目筛，称取 1.5 g 粉末，加入 10 mL 圆底烧瓶中，再加入质量浓度为 25% 的盐酸 6 mL，加热回流 8 h 后，将水解液趁热过滤，再将滤液的 pH 调至 1.5 后加入活性炭，然后加热至 80℃，保温 30 min，使脱色完全。将脱色后的滤液减压浓缩后加入 2 倍体积量的无水乙醇，则产生水溶性杂质的沉淀，静置后取清液上柱，吸附数小时后，用二次蒸馏水洗脱至对茚三酮呈阳性。收集洗脱液，减压浓缩至有晶体析出时放入冰箱中过夜，于是析出更多晶体，倾出上清液进行减压浓缩，则继续析出晶体。合并两次晶体，然后用水溶解，再加入少量活性炭，充分搅拌后过滤。往得到的滤液中通入氯化氢（HCl）气体至饱和，然后将其放入冰箱中过夜，析出晶体，再用无水乙醇将晶体洗涤干净，在 50℃下将晶体真空干燥 4 h，即得金花茶花朵的混合氨基酸晶体。将上述混合氨基酸晶体溶于 5 mL 冰醋酸中，搅拌后超声分散数分钟，即得金花茶氨基酸萃取液。

第三步，检测金花茶中 *L*- 赖氨酸。

将 *L*- 赖氨酸电化学传感器中的工作电极、参比电极和辅助电极分别与 CHI660C 型电化学工作站连接，组装成 *L*- 赖氨酸电化学检测装置，用标准曲线法确定金花茶氨基酸萃取液中 *L*- 赖氨酸的含量信息。

具体来说，先用 *L*- 赖氨酸电化学检测装置对空白测试底液进行检测，然后分别对一系列不同浓度的 *L*- 赖氨酸标准溶液进行检测，记录电流随 *L*- 赖氨酸浓度的变化，并以 *L*- 赖氨酸浓度为横坐标，以电流大小为纵坐标，绘制标准曲线。接着，用 *L*- 赖氨酸电化学检测装置对金花茶氨基酸萃取液进行检测，根据检测到的电流值从标准曲线上查出 *L*- 赖氨酸的浓度。前面提到的 *L*- 赖氨酸电化学检测装置采用循环伏安法进行扫描，测定扫描范围为 −0.3 ～ 0.7 V，电位扫描速率为 100 mV/s，参比电极的工作电压为 +0.18 V，所有检测均在（20±0.5）℃下进行。

第4章　金花茶外源性活性成分对食管癌、鼻咽癌生物标志物的筛选研究

本部分工作基于所设计、合成的石墨烯新型基质的MALDI-TOF　MS技术、激光共聚焦倒置显微镜、信使RNA差异显示技术、蛋白质组学等技术对金花茶中表没食子儿茶素没食子酸酯、表没食子儿茶素等不同茶多酚活性成分作用食管癌的生物标志物进行筛选检测分析；利用上述方法研究金花茶中黄酮醇、黄烷醇等不同物质对鼻咽癌作用的有效位点，并进行详细筛选分析，筛选出外源性金花茶黄烷醇、表没食子儿茶素没食子酸酯等活性物质抑制不同癌活性的相关有效靶分子。

4.1　一种茶、金花茶中茶多酚对食管癌标志物的筛选方法

本部分工作公开了一种茶、金花茶中茶多酚对食管癌标志物的筛选方法。茶多酚由不同种类的茶、金花茶中提取制备，能够作用于体外培养的KYSE510人食管鳞癌细胞、OE33人食管腺癌细胞。笔者采用噻唑蓝法检测茶多酚对食管癌细胞的增殖抑制作用，并用流式细胞术检测茶多酚对食管癌细胞的分化诱导作用，观察细胞周期及凋亡效应；采用荧光倒置显微镜观察细胞形态学变化；应用免疫细胞化学、实时聚合酶链反应、蛋白质印迹法分析食管癌细胞中蛋白质的表达与变化。笔者采用社会科学统计软件包（statisticalpackag eforthesocialsciences, SPSS）对上述检测结果进行分析，并检测茶、金花茶中茶多酚作用于食管癌细胞后的蛋白差异表达，经数据库检索匹配，筛选出相关蛋白，阐明茶多酚的作用机制。

食管癌是种恶性肿瘤。近年来，随着分子生物学的发展，人们对肿瘤病因学和发病学的研究已深入到基因水平。肿瘤细胞的增殖与凋亡和所涉及的重要基因以及蛋白质的表达异常、癌基因的激活或抑癌基因的突变缺失、脱氧核糖核酸（deoxyribonucleicacid, DNA）损伤修复基因的突变以及细胞信号转导异常等，是介导肿瘤发生、发展的重要分子基础。对茶多酚化合物的研究表明，茶多酚化合物的抗氧化和对致癌物的清除作用可能涉及肿瘤发生的分子事件，影响肿瘤的启动、促进和进展的各个阶段，在肿瘤的发生、发展过程中具有重要作用。因此，笔者从细胞水平、基因和蛋白质表达水平对金花茶中茶多酚物质抗肿瘤作用进行深入研究和探讨，旨在为抗肿瘤作用分子机制的深入阐明提供新的线索。

目前尚无任何文献涉及金花茶中茶多酚物质在抑制食管癌方面的分子生物学或流行病学研究，但部分文献涉及非金花茶的其他植物中茶多酚活性成分物质抑制食管癌分子生物学或流行病学等相关研究。例如，刘圆圆探讨了茶多酚、紫杉醇抑制食管癌 Eca-109 细胞增殖、诱导细胞凋亡的作用及其可能机制，通过取对数生长期的 Eca-109 细胞研究发现，不同浓度、不同作用时间茶多酚组、紫杉醇组细胞增殖抑制率有显著差异。① 又如，张强等人采用噻唑蓝法和流式细胞术，鉴定了 3 种黄酮（木犀草素、白杨素、芹菜素）和 3 种黄酮醇（槲皮素、山柰酚、杨梅素）对 2 株人食管癌细胞（KYSE510 人食管鳞癌细胞、OE33 人食管腺癌细胞）的增殖抑制作用和 G2/M 周期停滞的诱导作用，结果表明，p21waf1、GADD45 β 、14-3-3 σ 和 cyclin B1 为介导黄酮和黄酮醇诱导 KYSE-510 和 OE33 细胞 G2/M 周期停滞的目标基因。②

本部分工作的目的是以茶、金花茶中的茶多酚作用于食管癌细胞后在基

① 刘圆圆.茶多酚联合紫杉醇对食管癌 Eca-109 细胞增殖与凋亡的影响[D].青岛：青岛大学，2014.

② 张强，赵新淮.黄酮和黄酮醇诱导人食管癌细胞周期停滞的分子机制[J].生物化学与生物物理进展，2008（09）：1031-1038.

因和蛋白质水平发生的变化情况，筛选出与外源性茶多酚抑制食管癌活性相关的生物标志物。笔者具体的工作是通过金花茶提取物中茶多酚类物质（如儿茶素、花青素、黄酮、黄酮醇等）的分离纯化，以作用于体外培养的 KYSE510 人食管鳞癌细胞、EC9706 人食管鳞癌细胞、OE33 人食管腺癌细胞为模型，运用激光共聚焦倒置显微镜、信使 RNA 差异显示技术、蛋白质组学方法及 MALDI-TOF MS 技术等，探讨金花茶提取物中茶多酚物质抑制食管癌细胞增殖、诱导凋亡，以及作用于食管癌细胞后在基因和蛋白质水平发生的变化情况。笔者定位检测了 KYSE510 人食管鳞癌细胞、EC9706 人食管鳞癌细胞、OE33 人食管腺癌细胞分化标记角蛋白 8、细胞周期蛋白 D1 和 c-erbB-2 基因，从蛋白质水平的变化揭示了金花茶中茶多酚类物质作用的有效位点，寻找上述金花茶有效成分作用后导致的食管癌细胞生长抑制、诱导凋亡以及细胞的形态和表型之间潜在的联系，经数据库检索匹配，遴选出与茶多酚抑制食管癌活性相关的泛素、微管去稳定蛋白、PKC 干扰蛋白、高速泳动族蛋白、醛缩酶 A、异质性核内核糖核蛋白 HI 等生物标志物，筛选对外源性茶多酚活性成分起作用的靶分子，探索其抗肿瘤分子机制。

笔者应用 XDA 大孔树脂吸附法从金花茶中提取制备茶多酚，其主要步骤如下：金花茶干叶（或花、果）→粉碎过 30 目筛→用 30% 乙醇浸泡 20 min →微波萃取 20 min →提取液经中空纤维膜（分子量 =10 000）分离→旋转蒸发浓缩→过大孔树脂 XDA-200 柱→水洗脱除杂→ 10% 乙醇洗脱除杂→ 30% 乙醇梯度洗脱→洗脱液分别旋转蒸发浓缩→冷冻干燥→得到干燥粉末。茶多酚含量按《茶叶中茶多酚和儿茶素类含量的检测方法》（GB/T 8313—2018）中的方法测定，茶多酚纯度 =（试样粉末中茶多酚质量 / 试样质量）×100%。采用本部分工作所述的茶多酚的分离纯化方法分离后，茶多酚的含量在 85% 以上。

本部分工作以体外培养的 KYSE510 人食管鳞癌细胞、EC9706 人食管鳞癌细胞、OE33 人食管腺癌细胞为模型，这 3 种细胞可分别由各地权威医疗机构合作提供或商业机构购置。上述细胞均贴壁生长于 RPMI 1640 培养基中（含 10% 标准胎牛血清、100 U/mL 青霉素和 100 μg/mL 链霉素），在 37℃、5% 的 CO_2、饱和湿度下常规传代培养。

实验分为茶多酚组、阳性对照组、溶剂对照组和空白对照组。其中，茶多酚组有 5 种不同的茶多酚剂量，分别为 10 μmol/L、20 μmol/L、30 μmol/L、50 μmol/L、90 μmol/L；阳性对照组氟尿嘧啶用药剂量为 0.25 mg/mL；溶剂对照组加入终浓度为 0.1% 的 DMSO；空白对照组仅加入等体积的培养液，不加药物和细胞。

本部分工作采用噻唑蓝法检测茶多酚对食管癌细胞的增殖抑制作用，具体步骤包括取对数生长期 EC9706、KYSE510、OE33 细胞，经 0.25％胰酶消化，接种于 96 孔培养板内（5×10^3 个细胞 / 孔），预培养 24 h，待细胞贴壁后吸出全部上清，按实验分组加入不同浓度的各种受试物（总体积 200 μL/ 孔），每一剂量组设 4 个复孔。分别培养 24 h、48 h、72 h 和 96 h，每孔加入 20 μL 浓度为 5 mg/L 的噻唑蓝，继续培养 4 h，弃去培养液，每孔加入 DMSO 200 μL，平板摇床摇震 10 min，以 DMSO 调零，用酶联免疫吸附分析仪以 490 nm 波长测定各孔吸光度，计算平均吸光度和增殖率（proliferation rate, PR）及抑制率（cell，inhibitory rate，CIR）。增殖率（PR）= 实验组吸光度 / 溶剂对照组吸光度 ×100%；抑制率（CIR）=（1- 试验组平均吸光度 / 对照组平均吸光度）×100%。最后运用曲线回归分析，求出剂量反应关系方程及回归系数。

笔者根据噻唑蓝比色法的结果，选取合适的浓度按照实验设计处理细胞。取对数生长期的食管癌细胞，调整密度 2.5×10^4 个 /mL，置 28 cm^2 培养瓶中，培养 24 h 待细胞贴壁后加入不同浓度处理因素，于 96 h 终止培养。取 EC9706 或 KYSE510 或 OE33 细胞，弃去培养液，0.25％的胰酶消化，2 000 r/min 离心 10 min，弃上清，将细胞沉淀重悬于 PBS 液中，调整细胞密度至 1×10^6 个 /mL，离心，弃上清。快速加入 4℃预冷的 75％乙醇 1 mL，使细胞重悬，4℃过夜。取单细胞悬液 1 mL 加入 10 μg/mL 的荧光染料碘化丙啶 10 μL 和 10 mg/mL 的核糖核酸（ribonucleicacid, RNA）抑制剂 5 μL，轻微振荡，室温下避光孵育 20 min，以 400 目筛网过滤，取适量细胞悬液在 488 nm 波长下，用流式细胞仪进行细胞 DNA 含量检测。笔者使用 Muticycle AV 软件处理获取的数据，并对细胞周期各时相分布百分比进行分析，计算细胞周期中 G_0/G_1 期、S 期和 G_2/M 期细胞在总数中所占的百分比，以增殖指数表示细胞的增殖活性。

在本部分工作中，笔者采用荧光倒置显微镜观察细胞形态学变化：将各细胞接种于 96 孔板内（5×10^3 个细胞 / 孔），预培养 24 h，各实验组分别加入 10 μmol/L、20 μmol/L、30 μmol/L、50 μmol/L、90 μmol/L 的金花茶茶多酚活性提取物，于溶剂对照组（0.1% DMSO）、氟尿嘧啶组（0.25 mg/mL）中分别培养 24 h、48 h、72 h 和 96 h，苏木精 - 伊红染色涂片后于荧光倒置显微镜下观察。如本部分工作所述，茶多酚诱导 EC9706 或 KYSE510 或 OE33 细胞分化后，细胞会出现扁平化、体积增大、细胞密度降低、核外形规整、核 / 浆比减小等与细胞分化相关的典型形态学特征。

本部分工作应用免疫组化、实时聚合酶链反应、蛋白质印迹法分析癌细胞中蛋白质表达变化，3 株食管癌细胞接种于 9 孔细胞培养板中，培养 24 h，经茶多酚（80 μmol/L）作用 24 h 后，每 5×10^6 ～ 10×10^6 个细胞加 1 mL Trizol 试剂，15 ～ 30℃下作用 15 min，吸无色上清液，加 0.5 mL 异丙醇 /Trizol 试剂，15 ～ 30℃下作用 10 min，2 ～ 8℃下 12 000 r/min 离心 15 min，加入 1 mL 75% 乙醇 /Trizol 试剂洗涤 RNA，2 ～ 8℃下 7 500 r/min 离心 5 min，样品保存于 −80℃。本部分工作使用 ABI/9700 系统进行各基因聚合酶链反应，反应程序如下：

95℃，10 s；预变性：95 ℃，5s；60℃，34s；40 个循环。各种基因的聚合酶链反应均进行扩增产物的解链曲线分析，以确定各扩增产物的特异性和纯度。各基因表达比较均采用 β -actin 作为内参基因。

本部分工作后续采用蛋白质印迹法分析食管癌细胞中蛋白质表达变化，3 株食管癌细胞接种于 9 孔细胞培养板中，培养 24 h，经茶多酚（80 μmol/L）作用 24 h 后，PBS 洗涤 3 次，加入冷的细胞裂解液冰上作用 30 min，刮取细胞于微量离心管上，4℃下 14 000 r/min 离心 15 min，吸取上清液，紫外分光光度计测定各样品总蛋白质浓度，并调节浓度一致。样品经 10% ～ 12% 聚丙烯酰胺凝胶电泳（浓缩胶 80 V，分离胶 120 V）4 h 后，转印到硝酸纤维素膜上（100 mA，20 ～ 60 min）。硝酸纤维素膜经封闭液（5% 脱脂乳，0.05% Tween 20，pH 为 7.6）封闭 3 h 后，TBS 缓冲液（市售，20 mmol/L，pH 为 7.6）洗涤 3 次，于第一抗体工作液（稀释比例 1 ∶ 500 ～ 1 ∶ 2 000）中孵育 2 h。TBS 洗涤 3 次，辣根过氧化物酶标记的第二抗体工作液（稀释比 1 ∶ 2 000）孵育 2 h，TBS 洗涤 3 次，超敏发光液显光，感光 X 光片后，显影定影，β -actin 蛋白作为内参蛋白。

本部分用 SPSS 12.0 对结果进行分析，多样本均数间比较用单因素方差分析；两两比较用 LSD 检验；剂量反应关系用曲线回归和相关分析，检验水准 α=0.05。同时，本部分检测了茶多酚作用食管癌细胞后的差异表达蛋白质，获得了双向电泳差异表达图谱，鉴定了 20 多个差异蛋白质的肽质量指纹谱，经数据库检索匹配，筛选出了异质性核内核糖核蛋白 H1、泛素、微管去稳定蛋白、PKC 干扰蛋白、高速泳动族蛋白、微管蛋白分子伴侣、醛缩酶 A 等一些相关蛋白质，这些蛋白质表达的变化提示金花茶中茶多酚活性成分可作用于细胞代谢、信号传导、氧化应激等多种途径，使人们对茶多酚活性成分多途径作用的机制有了较为深入的了解。本部分从蛋白质水平的变化揭示了茶多酚作用的位点，这些差异表达的蛋白质可以作为源自金花茶的茶多酚作用的标志物分子，通过对它们的深入研究可以更加清楚地阐明其作用的机制，同时这些蛋白质有可能作为临床上治疗食管癌药物作用的靶分子。本部分工作所述技术路线如图 4-1 所示。

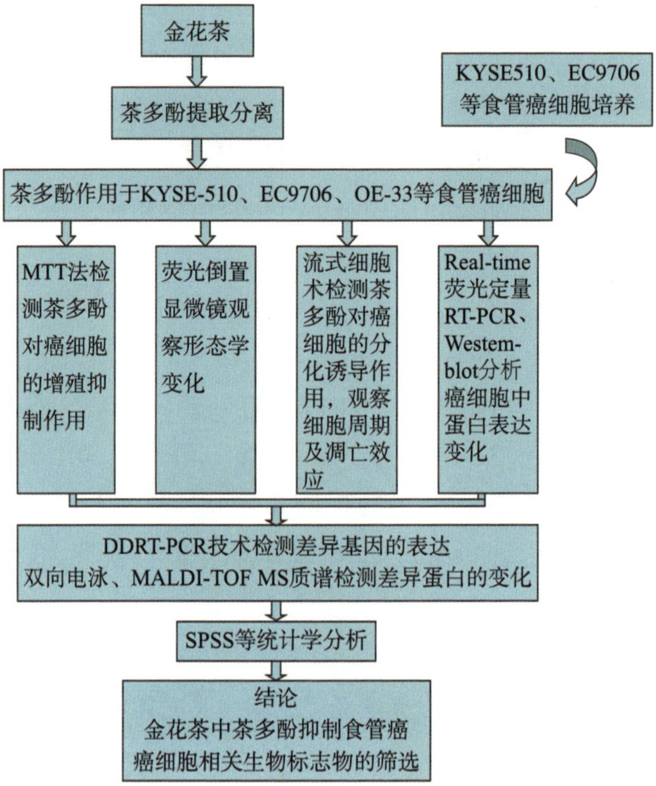

图 4-1　本部分工作所述技术路线

笔者采用差异显示逆转录聚合酶链式反应技术对茶多酚作用于食管癌细胞后的实验组及对照组差异表达基因进行检测，主要步骤如下：继续培养 48 h，分别提取信使 RNA，并进行信使 RNA 完整性鉴定，用锚定引物逆转录合成互补 DNA，并进行聚合酶链反应扩增；上游引物为随机引物，下游引物为与逆转录引物系列相同的带荧光物质标记的锚定引物，进行差异显示聚合酶链式反应，通过变性聚丙烯酰胺电泳及分离差异显示片段，通过图像分析、差异条带回收、差异条带再扩增等技术实现差异显示片段的克隆及序列分析（图 4-2）。

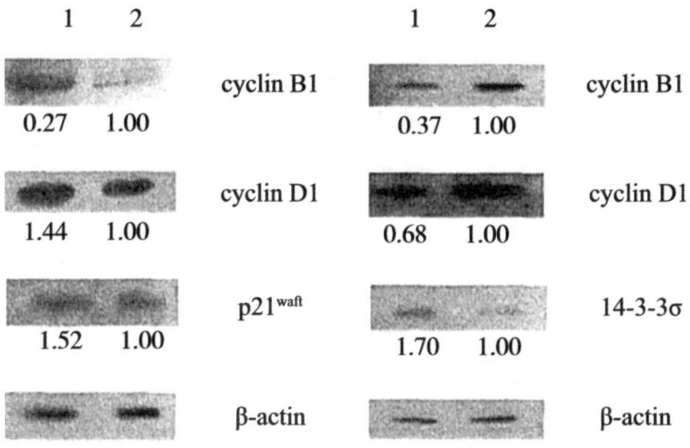

图 4-2　茶多酚对 KYSE510（左）和 OE33（右）细胞分化相关蛋白表达的影响（泳道 1：茶多酚；泳道 2：1% DMSO）

笔者通过上述技术获得了差异蛋白质的肽质量指纹谱；同时，采用蛋白质组学技术检测茶多酚作用后的差异表达蛋白质，获得了差异表达蛋白质的双向凝胶电泳图谱。随后，笔者用 MALDI-TOF MS 鉴定一系列差异蛋白的肽质量指纹谱，主要实验设计如下：基质辅助激光解吸电离飞行时间质谱仪使用的是布鲁克（Bruker）公司的 Autoflex，将样品溶于 0.1％三氟乙酸中，取 1 μL 该溶液与 α- 氰基 -4- 羟基肉桂酸饱和溶液基质上清液混合，取 1 μL 点在 Scorce 384 靶上，待挥发结晶后，送入离子源中进行检测；采用反射检测模式、胰酶切、波长为 337 nm、混合肽标准对仪器进行校正；通过 MALDI-TOF　MS 质谱分析，测定胶内酶切后多肽混合物的质量，获得检测样品的肽质量指纹谱；选择拟查询的物种，肽质量指纹谱数据及其他参数，使用 http://www.Matrixscience.com 网站提供的 Mascotdatabasesearch-AccessMascotServer-Peptide Mass Fingerprint 肽质量指纹谱检索程序，在肽质量指纹谱搜索理论上酶解肽段能与之相匹配的肽。经数据库检索匹配，从细胞代谢、信号转导、细胞骨架组成、氧化应激、免疫、细胞增殖、细胞凋亡以及分子伴侣等各角度筛选出了一些相关蛋白，如微管蛋白分子伴侣、醛缩酶 A 等。EC9706 细胞在不同处理因素下的形态学变化如图 4-3 所示。

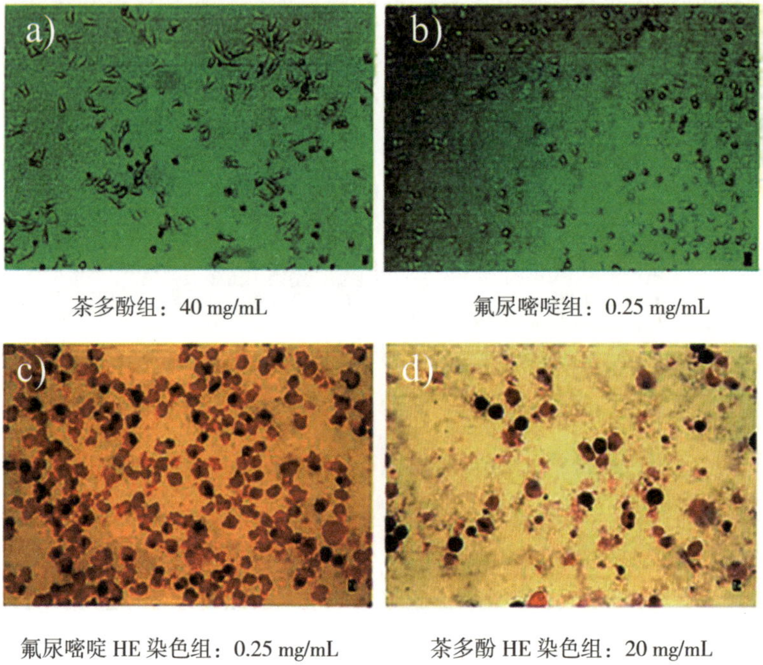

图 4-3　EC9706 细胞在不同处理因素下的形态学变化

4.2　一种金花茶中黄酮类物质对鼻咽癌作用有效位点的筛选方法

4.2.1　研究背景

本部分工作涉及生物技术领域，具体是一种金花茶中黄酮类物质对鼻咽癌作用有效位点筛选方法，是以作用于体外培养的鼻咽癌细胞株为模型，通过差异显示逆转录聚合酶链反应技术、蛋白质组学方法等技术，观察金花茶提取物中黄酮类物质抑制鼻咽癌细胞增殖、诱导凋亡及蛋白质变化水平效果，经数据库检索匹配，筛选出外源性金花茶中黄酮类物质对鼻咽癌作用的有效位点。

黄酮类化合物是广泛存在于自然界的一大类化合物，包括黄酮、黄烷醇、异黄酮、二氢黄酮、二氢黄酮醇、橙酮、黄烷酮 、花色素、查耳酮、色原酮等，现已发现 4 000 余种黄酮类化合物，主要存在于植物的叶、果实、根、皮中，实验证明其具有广泛的生理和药理活性（包括抗氧化、清除氧自由基、抗病毒、抗癌、抗炎、抗衰老等），因此对该化合物的研究已成为国内外医药界研究的热门话题。

目前涉及金花茶中黄酮类物质在抑制鼻咽癌的分子生物学或流行病学的研究的文献较少。仅有的一些文献涉及较为笼统的概念，如金花茶醇提取物或水提取物抗肿瘤活性等，但由于被研究对象成分非常复杂，较难确定真正抑制肿瘤的为何种活性成分，以及相关活性成分的有效作用位点。朱华等将人鼻咽癌 CNE-2 细胞分为 2 组，实验组加入浓度为 25 μg/mL、50 μg/mL、100 μg/mL、200 μg/mL、400 μg/mL 的金花茶醇提物，对照组不加药物，采用噻唑蓝法检测两组 24 h、48 h、72 h 增殖抑制率，倒置显微镜及荧光显微镜观察 48 h 后细胞形态的变化，流式细胞仪分析细胞周期变化及凋亡率，结果显示金花茶醇提物对 CNE-2 细胞的增殖有抑制作用。[①] 农彩丽等人在金花茶总黄酮体外抗肿瘤活性的实验研究中采用噻唑蓝染色法检测金花茶总黄酮在体外对人肝癌细胞株（SMMC-7721）、人高分化鼻咽癌细胞株（CNE-1）、人胃腺癌细胞株（SGC-7901）、人大细胞肺癌细胞株（H460）的增殖抑制率，并计算相应的半数生长抑制浓度（IC_{50}），结果金花茶总黄酮对 SMMC-7721、CNE-1、SGC-7901、H460 均有抑制作用（$P < 0.05$），且呈一定的浓度依赖性，IC_{50} 分别为 242.44 μg/mL、313.79 μg/mL、259.87 μg/mL、385.87 μg/mL。[②] 韦锦斌等人

① 朱华，邹登峰，沈洁，等．金花茶醇提物对人低分化鼻咽癌 CNE-2 细胞增殖和周期的影响 [J]. 山东医药，2011，51（27）：19-21.

② 农彩丽，陈永欣，何显科，等．金花茶总黄酮体外抗肿瘤活性的实验研究 [J]. 中国癌症防治杂志，2012，4（04）：324-327.

在金花茶体外抗肿瘤活性及物质基础的初步研究中检测金花茶不同萃取部位体外对人胃腺癌细胞株（SGC-7901）、人大细胞肺癌细胞株（H460）、人肝癌细胞株（SMMC-7721 和 BEL-7404）、人高分化鼻咽癌细胞株（CNE-1）作用 48 h 后的增殖抑制率，并计算相应的半数生长抑制浓度（IC_{50}），水层部位对上述 5 种细胞株的 IC_{50} 分别为 81.72 mg · L^{-1}，73.47 mg · L^{-1}，95.98 mg · L^{-1}，73.41 mg · L^{-1}，61.25 mg · L^{-1}；水层萃取部分检测到的物质有 24 个，初步鉴定了其中的 11 个成分；作者研究结论为金花茶不同萃取部位体外实验有抗肿瘤活性，水层部分可能是金花茶抗肿瘤作用的主要活性部位；需要进一步对水层部分的这些可能活性物质进行分离纯化鉴定以及定量分析。[①] 也有作者研究了非金花茶黄酮成分抑制鼻咽癌活性研究，如韩宏裕等人探讨了染料木黄酮对未分化鼻咽癌细胞的增殖抑制作用，采用噻唑蓝法检测染料木黄酮对未分化鼻咽癌细胞株生长的影响，采用流式细胞术检测染料木黄酮作用于未分化鼻咽癌细胞株后细胞周期的变化，结果显示染料木黄酮对不同的未分化鼻咽癌细胞株 CNE-2 和 C666-1 均具有增殖抑制作用，作用方式呈时间—剂量—效应关系。[②] 专利 CN 200710066974.X “邻 - 二羟基黄酮 - 硒配合物制备方法及医学用途”制备了一类芦丁 - 硒配合物，并开展了其对鼻咽癌细胞 CNE-2 体外抑制试验，得到一组实验数据。

聚酰胺-胺（polyamideamine, PAMAM）树枝状大分子具有丰富的端氨基结构及内部仲胺、季胺结构，使整体聚酰胺 - 胺树状大分子呈弱碱性。黄酮类化合物大多具有酚羟基，整体呈弱酸性，呈弱碱性的 PAMAM 树枝状大分子材料对呈弱酸性的黄酮类物质有较强的萃取吸附作用。为了更好地对 PAMAM 吸附后的黄酮类物质进行分离，本部分工作将 PAMAM 与磁性纳米粒子四氧化三铁、γ -三氧化铁、Fe_2N 等进行复合制备磁性纳米粒子 -PAMAM 复合材料，通过磁性作用将萃取吸附有弱酸性黄酮物质的磁性纳米粒子 -PAMAM 复合材料从金花茶萃取液中分离。

---

① 韦锦斌，农彩丽，苏志恒，等 . 金花茶体外抗肿瘤活性及物质基础的初步研究 [J]. 中国实验方剂学杂志，2014，20（10）：169-174.

② 韩宏裕，刘然义，黄文林 . 染料木黄酮对未分化鼻咽癌细胞株的增殖抑制作用 [J]. 实用医学杂志，2013，29（09）：1382-1385.

鼻咽癌是指发生于鼻咽腔顶部和侧壁的恶性肿瘤，常见的临床症状为鼻塞、涕中带血、耳闷堵感、听力下降、复视及头痛等。分子遗传学研究发现，鼻咽癌肿瘤细胞发生染色体变化的主要是 1 号、3 号、11 号、12 号和 17 号染色体，在鼻咽癌肿瘤细胞中发现多染色体杂合性缺失区（1p、9p、9q、11q、13q、14q 和 16q），这可能提示鼻咽癌发生、发展过程中存在多个肿瘤抑制基因的变异。

肿瘤细胞的增殖与凋亡和所涉及的重要基因与蛋白质的表达异常、癌基因的激活或抑癌基因的突变缺失、DNA 损伤修复基因的突变以及细胞信号转导异常等，是介导肿瘤发生、发展的重要分子基础。对于黄酮类物质的研究表明，它们的抗氧化和对致癌物的清除，可能涉及肿瘤发生的分子事件，影响肿瘤的启动、促进和进展各个阶段。因此，对金花茶中黄酮类物质抗肿瘤作用从细胞水平、基因和蛋白质表达水平进行深入研究，可能为抗肿瘤作用分子机制的深入阐明提供新的线索。现有文献研究较为笼统（醇提取物或水提取物），被研究对象成分非常复杂，较难确定真正抑瘤活性成分以及相关有效作用位点。未来需要进一步对水层部分的这些可能活性物质进行分离纯化鉴定以及定量分析。

4.2.2　有效位点筛选方法

本部分工作的目的在于提供一种金花茶中黄酮类物质对鼻咽癌作用有效位点的筛选方法，以解决上面提出的问题，具体步骤如下。

4.2.2.1　金花茶花朵浓缩液制备

采摘秋季新鲜的金花茶花朵，筛选、洗净、粉碎，称取粉碎后的金花茶花朵 0.8～1.2 kg；加入 95% 以上的乙醇 2.0 L，利用索氏抽取器提取 5～6 h，得到提取液 A；提取后残渣加入 95% 以上的丙酮 1.0 ～ 1.8 L，在 40 ～ 60℃条件下超声 1 ～ 2 h，得提取液 B；合并提取液 A 和 B，利用旋转蒸发器旋转蒸发除去丙酮或乙醇溶剂，得到金花茶花朵浓缩液 0.2 ～ 0.3 L。

4.2.2.2　四氧化三铁磁粒子 -PAMAM 复合材料制备过程

在氮气保护下，pH 为 1.7 时，制备 0.085 mol/L 的三氯化铁溶液和 0.05 mol/L 的硫酸亚铁的混合物；往此混合物中滴加 1.5 mol/L 的氨水溶液，并剧烈搅拌，直至 pH 为 9；所获得的四氧化三铁磁性纳米粒子立即用水洗涤 5 次，然后用甲醇洗涤 3 次，磁分离把四氧化三铁磁粒子分散于甲醇之中，获得浓度为 0.012 8 mol/L 的溶液；将上述制备的 25 mL 的四氧化三铁磁性纳米粒子的甲醇溶液用甲醇稀释至 150 mL，并超声处理 30 min；然后加入 10 mL 的 3- 氨基丙基三甲氧基硅烷，强烈搅拌并超声处理 7 h；所得溶液用甲醇洗涤 5 次后进行磁分离，分散于甲醇中获得重量百分比为 5% 的溶液备用；取 50 mL 的重量百分比为 5% 的四氧化三铁磁性纳米粒子甲醇溶液为起始溶液，加入 200 mL 含有丙烯酸甲酯的甲醇溶液，丙烯酸甲酯的体积浓度为 20%，把此混合溶液在室温中水浴 7 h 以上；用磁铁收集磁性纳米粒子，随后用甲醇洗涤 5 次，并进行磁分离；在洗涤之后，向该磁性纳米粒子的甲醇溶液中加入 40 mL 含有乙二胺的甲醇溶液，乙二胺体积浓度为 50%，室温下超声处理 3 h；用甲醇洗涤该磁性纳米粒子 5 次，并进行磁分离；重复加入丙烯酸甲酯和乙二胺的甲醇溶液，循环 4 次得到四代树枝状大分子修饰的四氧化三铁磁性纳米粒子；此溶液用 25 mL 甲醇洗涤 3 次，并用 25 mL 水洗涤 5 次，磁分离收集获得 PAMAM 树枝状大分子修饰的四氧化三铁磁性纳米粒子，即四氧化三铁磁性纳米粒子 -PAMAM 复合材料。

4.2.2.3 金花茶中的黄酮类物质的提取

取制备得到的四氧化三铁磁性纳米粒子 -PAMAM 复合材料 2 ～ 3 g 加入第一步制备好的 0.2 ～ 0.3 L 金花茶花朵浓缩液中，在 400 W 条件下超声萃取 1 h，萃取结束后通过磁分离手段将吸附萃取黄酮类物质的四氧化三铁磁性纳米粒子 -PAMAM 复合材料分离，分离后的吸附有黄酮类物质的四氧化三铁磁性纳米粒子 -PAMAM 复合材料采用有机溶剂乙醇萃取 3 ～ 5 次，合并萃取液，旋转蒸发得到金花茶中的黄酮类物质。

4.2.2.4 细胞培养

体外培养的鼻咽癌细胞 CNE-1、CNE-2、CNE-2Z、HNE-2、C666-1、NP29、5-8F 和 6-10B 细胞均贴壁生长于 RPMI 1640 培养基中，在 37℃、5% 的 CO_2、饱和湿度下传代培养。实验分为黄酮组、阳性对照组、溶剂对照组和空白对照组，其中黄酮组中黄酮各剂量组分别为 10 μmol/L、20 μmol/L、

30 μmol/L、50 μmol/L 和 90 μmol/L；阳性对照组顺铂用药剂量为 0.25 μmol/L；溶剂对照组加入终浓度为 0.1 % 的 DMSO；空白对照组仅加入等体积的培养液，不加药物和细胞。

4.2.2.5　检测黄酮类物质对鼻咽癌细胞的作用

（1）采用噻唑蓝法检测黄酮类物质对鼻咽癌细胞的增殖抑制作用。用流式细胞仪分析细胞周期，具体步骤包括取对数生长期 CNE-1、CNE-2、CNE-2Z、HNE-2、C666-1、NP29、5-8F 和 6-10B 中的一种或两种以上，经重量百分比为 0.25 % 的胰酶消化，接种于 96 孔培养板内，5×10^3 个细胞 / 孔，预培养 24 h，待细胞贴壁后吸出全部上清，按实验分组加入不同浓度的各种受试物，总体积 200 μL/ 孔，每一剂量组设 4 个复孔；分别培养 24 h、48 h、72 h 和 96 h，每孔加入 20 μL 浓度为 5 mg/L 的噻唑蓝，继续培养 4 h，弃去培养液，每孔加入 200 μL 的 DMSO，平板摇床摇震 10 min，以 DMSO 调零，用酶联免疫吸附分析仪以 490 nm 波长测定各孔吸光值 *A*，计算平均 *A* 值、增殖率及抑制率。其中，增殖率 = 实验组吸光度 / 溶剂对照组吸光度 ×100%；抑制率 =（1- 试验组平均吸光度 / 对照组平均吸光度）×100%。最后运用曲线回归分析，求出剂量反应关系方程及回归系数。

（2）根据噻唑蓝比色法的结果，选取合适的浓度按照实验设计处理细胞。取对数生长期的鼻咽癌细胞，调整密度 2.5×10^4 个 /mL，置于 28 cm^2 培养瓶中，培养 24 h，待细胞贴壁后加入不同浓度处理因素，于 96 h 终止培养；取步骤（1）中的细胞，弃去培养液，用重量百分比为 0.25 % 的胰酶消化，2 000 r/min 离心 10 min，弃上清液，将细胞沉淀重悬于 PBS 液中，调整细胞密度至 1×10^6 个 /mL，2 000 r/min 离心 10 min，弃上清液；快速加入 4℃预冷的 75 % 乙醇 1 mL，使细胞重悬，4℃下保温 10 ～ 15 h；取单细胞悬液 1 mL，加入 10 μg/mL 的荧光染料碘化丙啶 10 μL 和 10 mg/mL 的 RNA 抑制剂 5 μL，轻微振荡，室温下避光孵育 20 min，以 400 目筛网过滤，取细胞悬液在 488 nm 波长下，用流式细胞仪进行细胞 DNA 含量检测；经 Muticycle AV 软件处理获取的数据，并对细胞周期各时相分布百分比进行分析，计算细胞周期中 G_0/G_1 期、S 期和 G_2/M 期细胞在总数中所占的百分比，以增殖指数 *P* 表示细胞的增殖活性。

（3）采用荧光倒置显微镜观察细胞形态学变化。具体来说，将各细胞接种于 96 孔板内（5×10^3 个细胞 / 孔），预培养 24 h，各实验组分别加入 10 μmol/L、20 μmol/L、30 μmol/L、50 μmol/L、90 μmol/L 的金花茶黄酮类物质活性提取物，于溶剂对照组、顺铂组分别培养 24 h、48 h、72 h 和 96 h，苏木精 - 伊红染色涂片后于荧光倒置显微镜下观察。

（4）应用免疫组化、实时聚合酶链反应、蛋白质印迹法分析癌细胞中蛋白质表达变化。具体来说，将三株鼻咽癌细胞接种于 9 孔细胞培养板中，培养 24 h，经 80 μmol/L 的黄酮物质作用 24 h 后，每 5×10^6 ～ 10×10^6 个细胞加 1 mL 的 Trizol 试剂，15 ～ 30℃作用 15 min，弃上清液，向沉淀物中加 0.5 mL 异丙醇 / Trizol 试剂，15 ～ 30℃作用 10 min，2 ～ 8℃下 12 000 r/min 离心 15 min，弃上清液；再加入 1 mL 的 75% 乙醇 / Trizol 试剂洗涤 RNA，2 ～ 8℃下 7 500 r/min 离心 5 min，弃上清液，得到的样品于 −80℃下保存；使用 ABI/9700 系统进行各基因聚合酶链反应；各种基因的聚合酶链反应均进行扩增产物的解链曲线分析，后续采用蛋白质印迹法分析鼻咽癌细胞中蛋白质表达变化，三株鼻咽癌细胞接种于 9 孔细胞培养板中，培养 24 h，经 80 μmol/L 的金花茶黄酮物质作用 24 h 后，PBS 液洗涤 3 次，加入冷的细胞裂解液冰上作用 30 min，刮取细胞于微量离心管上，4℃下 14 000 r/min 离心 15 min，吸取上清液，紫外分光光度计测定各样品总蛋白质浓度，并调节浓度一致；样品经 10% ～ 12% 聚丙烯酰胺凝胶电泳 4 h 后，转印到硝酸纤维素膜上（100 mA、20 ～ 60 min）；硝酸纤维素膜经封闭液封闭 3 h 后，TBS 缓冲液洗涤 3 次，于稀释比例为 1 ∶ 500 ～ 1 ∶ 2 000 的第一抗体工作液中孵育 2 h；TBS 缓冲液洗涤 3 次，稀释比为 1 ∶ 2 000 的辣根过氧化物酶标记的第二抗体工作液孵育 2 h，TBS 缓冲液洗涤 3 次，超敏发光液显光，感光 X 光片后，显影定影，β -actin 蛋白作为内参蛋白。

4.2.2.6 结果分析

采用 SPSS 19.0 对结果进行分析，多样本均数间比较用单因素方差分析；两两比较用 LSD 检验；剂量反应关系用曲线回归和相关分析，检验水准 $\alpha=0.05$ ；检测黄酮类物质作用鼻咽癌细胞后的差异表达蛋白质，获得双向电泳差异表达图谱，鉴定差异蛋白质的肽质量指纹谱，经数据库匹配，筛选出相关蛋白质，所述相关蛋白质包括 B 细胞淋巴瘤 2、桑葚胚黏着蛋白。结果如图 4–4 和图 4–5 所示，金花茶中黄酮物质处理 CNE–2 细胞后各周期的分布如表 4–1 所示。

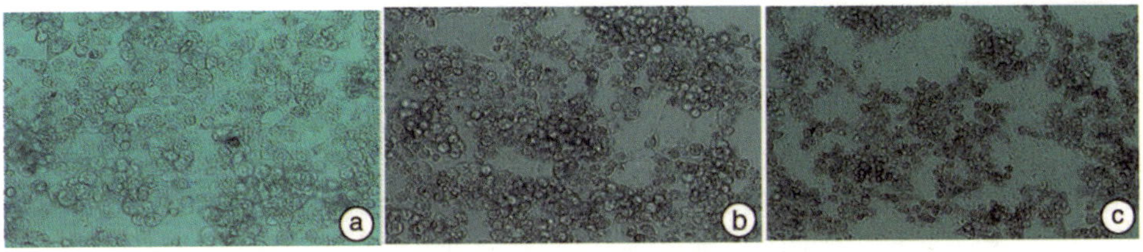

图 4–4　金花茶黄酮物质 50 μmol/L 组不同时间细胞形态示意图，倒置显微镜 ×400，空白对照 72 h

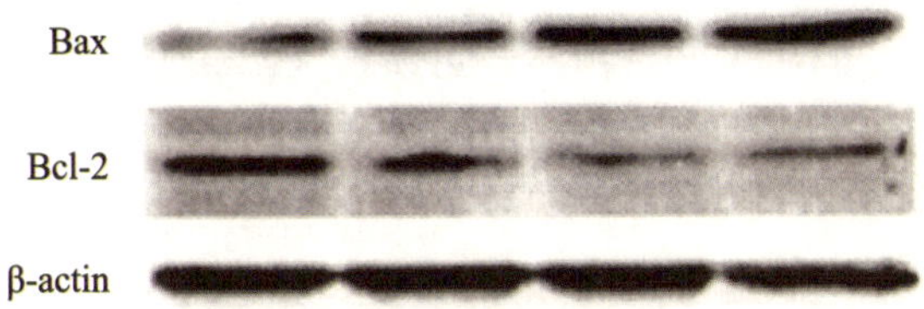

图 4–5　Western–Blot 检测金花茶黄酮物质诱导 48 h 后 CNE–1 细胞质中 Bax 和 Bcl–2 蛋白含量的变化

表4–1　金花茶中黄酮物质处理CNE–2细胞后各周期的分布

黄酮浓度（μmol/L）	细胞周期分布		
	G_1/G_0(%)	G_2/M(%)	S(%)
0	51.6 ± 1.1	13.9 ± 1.2	32.8 ± 1.4
10	54.2 ± 1.3	13.3 ± 1.4	32.3 ± 1.2
20	57.8 ± 1.4	12.2 ± 1.5	31.5 ± 1.3
30	59.6 ± 1.0	11.8 ± 1.6	30.3 ± 1.1

续 表

黄酮浓度（μmol/L）	细胞周期分布		
	G_1/G_0(%)	G_2/M(%)	S(%)
50	67.5 ± 1.0	10.9 ± 1.1	21.8 ± 1.4
90	72.4 ± 1.1	8.2 ± 0.9	20.8 ± 1.2

注：与阴性对照组相比，P=0.00。

与现有技术相比，本部分工作中相关蛋白质表达的变化提示金花茶中黄酮类物质活性成分可作用于细胞代谢、信号转导、氧化应激等多种途径，使人们对黄酮类物质活性成分多途径作用的机制有了较为深入的了解。蛋白质水平的变化可以揭示黄酮类物质作用的位点，这些差异表达的蛋白质可以作为源自金花茶的黄酮类物质作用的标志物分子，对它们进行深入研究可以更加清楚地阐明其作用的机制，同时这些蛋白质有可能作为临床上治疗鼻咽癌药物作用的靶分子。

第 5 章　金花茶代表性活性单体高效分离、纯化研究

本部分工作设计合成 PAMAM 树枝状大分子接枝石墨烯纳米复合材料、聚乳酸 / 氧化石墨烯纳米复合材料、脲醛树脂 / 石墨烯纳米复合材料、聚氯乙烯 / 石墨烯纳米复合材料、超支化聚硼酸酯 / 氧化石墨烯纳米复合材料、酚醛树脂 / 氧化石墨烯纳米复合材料、聚噻吩 / 石墨烯纳米复合材料、石墨烯 / 有机骨架多孔吸附材料、四氧化三铁磁性粒子 / 石墨烯纳米复合材料、磷氮系树枝状大分子 / 石墨烯纳米复合材料、多环芳烃 / 石墨烯纳米复合材料、壳聚糖修饰三维介孔石墨烯纳米复合材料、石墨烯基三聚氰胺海绵、三异氰酸酯 / 石墨烯气凝胶、石墨烯 / 碳纳米管混合气凝胶等不同石墨烯吸附或分离材料；设计制备石墨烯 / 聚苯胺膜、氧化石墨烯改性聚酰胺复合膜、聚乙烯醇 / 氧化石墨烯分离膜、氧化石墨烯改性聚偏氟乙烯微孔膜、聚偏氟乙烯 / 氧化石墨烯掺杂复合超滤膜、氧化石墨烯 / 金属粒子 / 对聚醚砜共混超滤膜等不同石墨烯膜分离材料，并应用于各种金花茶（花、叶、果等）中活性单体高效富集、分离及纯化研究（必要时制成功能化石墨烯微球或其他多孔纳米材料，结合柱层析等技术进行深度纯化）；研究基于石墨烯纳米材料的岭南金花茶各活性单体成分高效富集、分离及纯化相关机制。笔者力争分离出 40 ～ 60 个的新颖金花茶活性单体（含 10 ～ 20 个新化合物），获得每个单体化合物完整的红外光谱、质谱、核磁共振氢谱、碳谱、二维谱、元素分析等谱学数据；通过分子动力学模拟、X 射线光电子能谱分析等技术研究石墨烯纳米材料结构、孔径、比表面

积、表面电荷、电场、酸度及温度等因素对不同金花茶单体化合物选择性分离的影响。

本书选择的岭南金花茶种类包括防城金花茶、薄叶金花茶、多瓣金花茶、毛瓣金花茶、凹脉金花茶、长柱金花茶、细叶金花茶、顶生金花茶、平果金花茶、四季花金花茶、柠檬金花茶、小花金花茶、夏石金花茶、簇蕊金花茶等。

预期分离的岭南金花茶单体物质包括绿原酸、*L*-茶氨酸、圣草素、木犀草素、染料木苷、芸香柚皮苷、山柰酚、槲皮素、芦丁、香草醛、牡荆素、羽扇豆醇、雪松醇、黑果茜草萜、正月桂酸、α-香树精、β-谷甾醇、齐墩果烷、胡萝卜苷、茶黄素、茶黄素-3-没食子酸酯、茶黄素-3′-没食子酸酯、茶黄素3,3′-二没食子酸酯、表儿茶素、表没食子儿茶素、表儿茶素没食子酸酯、表没食子儿茶素没食子酸酯、7,3′,4′-三甲氧基-5-羟基黄酮、天竺葵素-3-*o*-葡萄糖苷、木犀草素-7-*o*-芸香糖苷、槲皮素-3,7-*o*-二葡萄糖苷、山柰酚-3-*o*-葡萄糖苷、槲皮素-7-*o*-葡萄糖苷、槲皮素-3-*o*-芸香糖苷、槲皮素-3-*o*-葡萄糖苷、苯甲酸-2-羟基-甲酯、2,6-二甲基-3,7-辛二烯-2,6-二醇、2,3-二氢苯并呋喃、1,2-苯二甲酸-2乙基己基酯、α-菠甾醇-β-*D*-吡喃葡萄糖苷、豆甾-7,22-双烯-3-*o*-[*a*-*L*-吡喃阿拉伯糖（1→2）]-β-*D*-吡喃半乳糖苷、山柰酚-3-*o*-[2-*o*-（反式-*p*-香豆酰）-3-*o*-*a*-*D*-吡喃葡萄糖基]-α-*D*-吡喃葡萄糖苷、22α-当归酰基-玉蕊醇Al、根皮苷4′-*o*-β-*D*-吡喃葡萄糖苷、（3R,6R,7E）-3-羟基-4,7-巨豆二烯-9-酮、3β-乙酰基-20-羽扇烷醇、3β,6α,13β-三羟基齐墩果-7-酮、（2S）-2-（乙酰氧基）-3-｛[（9Z）-1-氧-9-十八碳烯基]氧基｝丙烷、2-｛[（9Z,12Z,15Z）-1-氧代-9,12,15-十八碳三烯基]氧代｝-3-[（1-氧代辛基）氧基]丙烷等、3β-Acetoxy-6α,13β-dihydroxyolean-7-one、3β,6α,13β-trihydroxyolean-7-one、3′,4′-tetramethoxyflavone，5,7,3′,4′,5′-pentamethoxyflavone等40～60个单体。

除*L*-茶氨酸、绿原酸、茶黄素-3-没食子酸酯、3,3′-双没食子酸酯茶黄素等金花茶单体外，项目前期也从防城金花茶、凹脉金花茶等岭南金花茶中成功分离得到豆甾-7,22-双烯-3-*o*-[α-*L*-吡喃阿拉伯糖（1→2）]-β-*D*-吡喃半乳糖苷、山柰酚-3-*o*-[2-*o*-（反式-*p*-香豆酰）-3-*o*-*a*-*D*-吡喃葡

萄糖基]-α-*D*- 吡喃葡萄糖苷、根皮苷 4′-*o*- β -*D*- 吡喃葡萄糖苷、3 β - 乙酰基 -20- 羽扇烷醇等活性单体（图 5-1），并获得部分谱学数据。

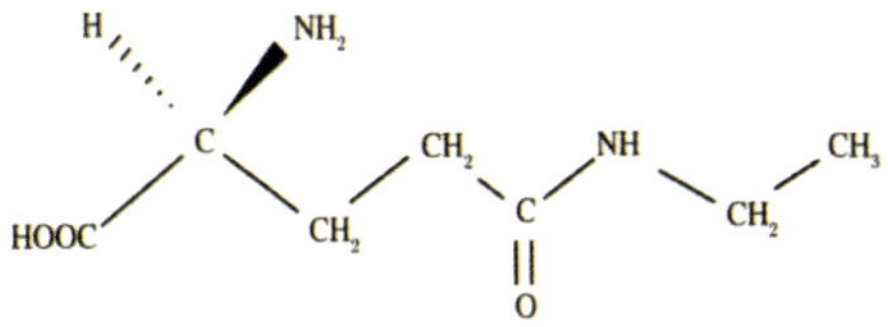

L- 茶氨酸

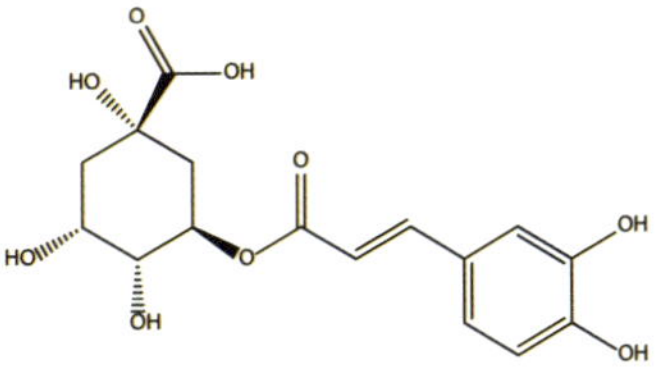

绿原酸

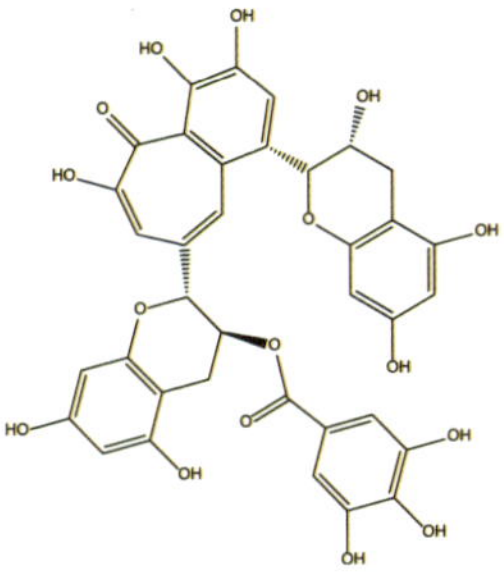

茶黄素 -3- 没食子酸酯

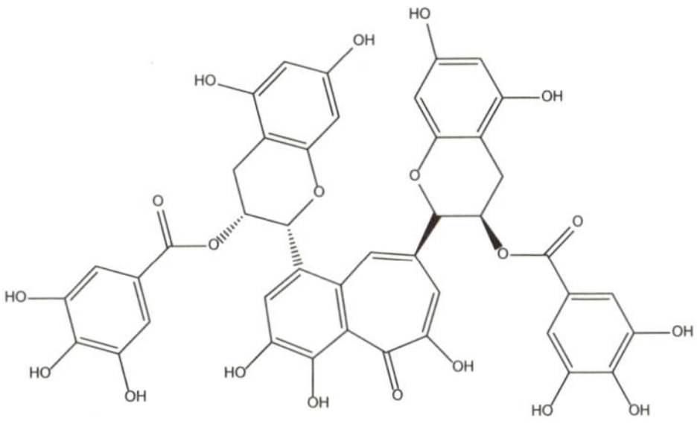

3,3′- 双没食子酸酯茶黄素

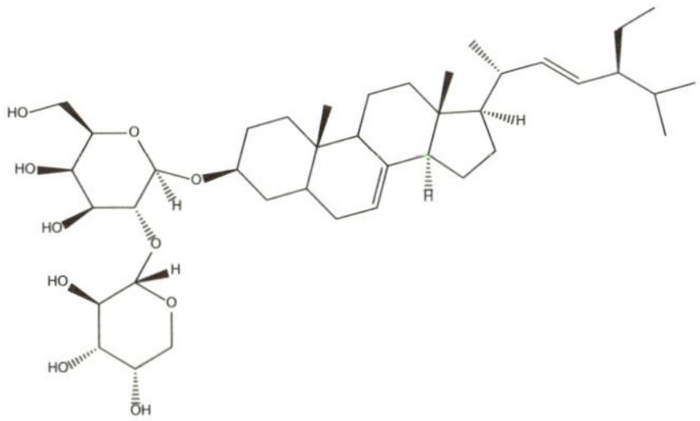

豆甾 -7,22- 双烯 -3-*o*-[α-*L*- 吡喃阿拉伯糖豆酰)-3-*o*-*a*-*D*-(1 → 2)]- β -*D*- 吡喃半乳糖苷吡喃葡萄糖基]-α-*D*- 糖苷

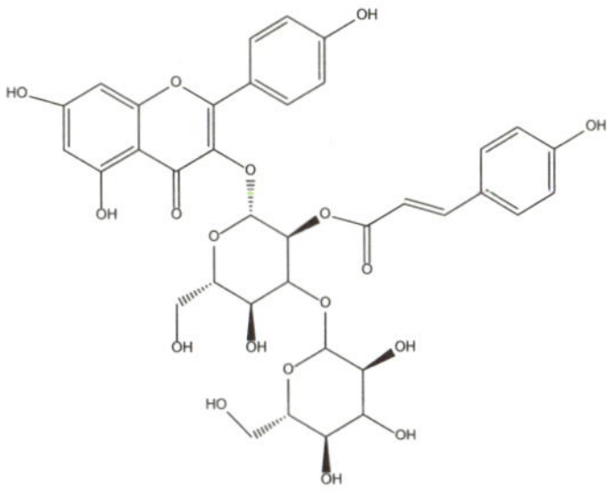

山柰酚 -3-*o*- [2-*o*-(反式 -*p*- 香吡喃葡萄

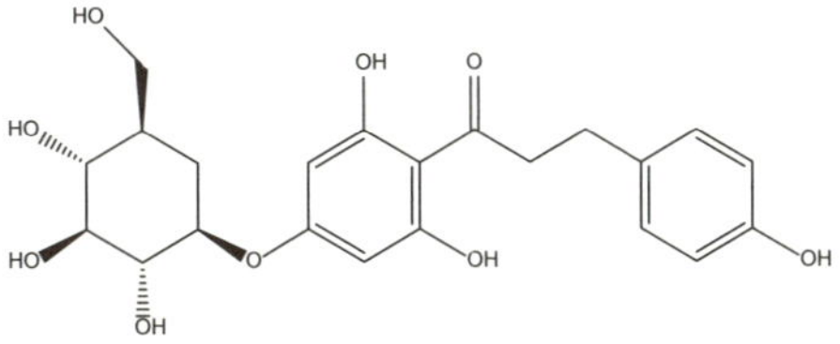

根皮苷 4′-*o*- β -*D*- 吡喃葡萄糖苷

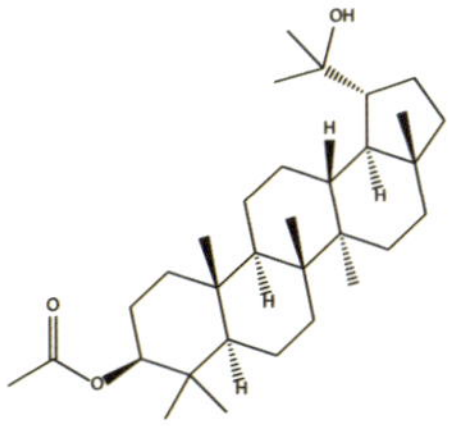

3 β - 乙酰基 -20- 羽扇烷醇

图 5-1　项目前期从金花茶中分离纯化得到的部分单体化合物

5.1 基于石墨烯技术的金花茶绿原酸、木犀草素等活性成分提取纯化研究

5.1.1 基于单分散磺化聚苯乙烯修饰石墨烯微球的金花茶绿原酸提取纯化

5.1.1.1 粗制金花茶绿原酸

称取预先优选、粉碎、过筛的金花茶茶粉，加入80%乙醇，物料比为1∶（10～30），在25～80℃条件下反应1～4 h获得粗制金花茶绿原酸。

5.1.1.2 一次纯化处理

采用单分散磺化聚苯乙烯修饰石墨烯微球分离提纯，上样浓度为0.15～0.50 mg/mL，pH为2.0～4.0，进样液体积/大孔树脂质量比值为10～30 mL·L^{-1}，流速为1～5 mL/min，洗脱剂为30%乙醇。

5.1.1.3 二次纯化处理

采用半制备液相色谱对一次纯化金花茶绿原酸进行二次纯化，真空干燥后获得二次纯化金花茶绿原酸。

5.1.1.4 三次纯化处理

以二次纯化金花茶绿原酸的体积为1倍，分别加入2倍、3倍、4倍、5倍的水溶解，沉淀、过滤、滤液浓缩、真空干燥获得金花茶绿原酸，纯度为99.5%以上。

采用单分散磺化聚苯乙烯修饰石墨烯微球较其他大孔树脂比表面积更大、负载能力更强、分离效率更高、可重复使用多次。

5.1.2　高速逆流色谱结合磁性 Fe_3O_4 纳米粒子－石墨烯纳米复合材料富集、分离小花金花茶中木犀草素成分

（1）称取 50 g 小花金花茶粉末，加入 500 mL 圆底烧瓶中，加入 80% 乙醇 250 mL，回流 2 h，滤液旋转蒸发除去介质，真空干燥得粗提取物。

（2）选取直径 1.6 mm、长 3.73 m 的聚四氟乙烯管，柱体积为 7.5 mL，将预先制备、称量的磁性 Fe_3O_4 纳米粒子－石墨烯纳米复合材料 200 mg 充分分散于乙醇中，采用注射器注射填于聚四氟乙烯管中，迅速缠绕于圆柱形磁铁上，形成磁性纳米粒子色谱柱，在管路两端连接三通阀和检测器。

（3）在三通阀接微流控泵与输液泵用于进样和洗脱，并通过如下步骤分离防城金花茶中木犀草素成分。

①配制溶剂体系：按照乙酸乙酯：甲醇：水 =10 ：1 ：10 的比例配制溶剂，超声脱去气泡。

②标准品及样品溶解：取 1 mL 的 0.2 mg/mL 的木犀草素标准品，超声溶解于 0.4 mL 的上相和 0.4 mL 的下相中，得 0.25 mg/mL 标准品溶液；称取金花茶粗提物，加入 0.5 mL 上相和 0.5 mL 的下相，超声溶解；

③装置排气：拧松输液泵的排气阀，按下消除（purge）键排气，至没有气泡，按下停止键；拧紧排气阀，用输液泵输入液体，对管路排气，并且检查管路是否漏液，如果无漏液现象，则进一步开展下面的实验。

④泵入上相，管路中经过 2 个柱体积上相，使管路充满上相。

⑤用微流控泵进样，将管路切换到微流泵方向，用注射器吸入样品，在泵的压力下，缓慢推入样品，进完样后，再用少量上相冲洗管路。

⑥将管路切换到输液泵方向，用上相洗脱 2 个柱体积。

⑦改用下相洗脱，洗脱 4 个柱体积。

⑧改用甲醇洗脱，洗脱 4 个柱体积。

选择半制备型高压逆流色谱仪 [如岛津（Shimadzu）LC-20A] 进行木犀草素分离。

色谱柱选择 Apollo C_{18}（150 mm × 4.6 mm × 5 μm），流动相甲醇（A），0.05 硫酸－水（B），柱温箱 30℃，检测波长 254 nm，流速 1 mL/min，9 ～ 11 min 峰即为木犀草素。收集该时间区间洗脱液，除去介质后即可得高纯金花茶木犀

草素。与传统大孔树脂材料相比，磁性 Fe_3O_4 纳米粒子－石墨烯纳米复合材料比表面积大、负载能力强，故磁性纳米粒子色谱柱相比于大孔树脂柱用料更少，所占空间更小。同时，磁性纳米色谱柱易清洗，装柱简单，使用过的磁性 Fe_3O_4 纳米粒子－石墨烯纳米复合材料采用超声清洗等方法即可回收再利用，可节约成本。

5.2 基于石墨烯纳米材料的金花茶氨基酸活性成分的梯次分离方法

5.2.1 实验概述

本部分工作涉及金花茶中氨基酸活性成分纳米分离技术，具体是应用新型石墨烯纳米技术梯次分离金花茶中氨基酸活性成分，基于二维或三维石墨烯纳米材料高效分离金花茶中天冬氨酸、苏氨酸、丝氨酸、谷氨酸、脯氨酸和甘氨酸等氨基酸活性成分。

图 5-2 为基于石墨烯纳米技术的金花茶代表性活性成分（如苏氨酸等）高效梯次分离技术示意图。其中，表面带负电荷的石墨烯纳米材料对控制在某特定等电点以下，带正电的苏氨酸、丝氨酸、天冬氨酸等特定氨基酸实现梯次吸附分离。

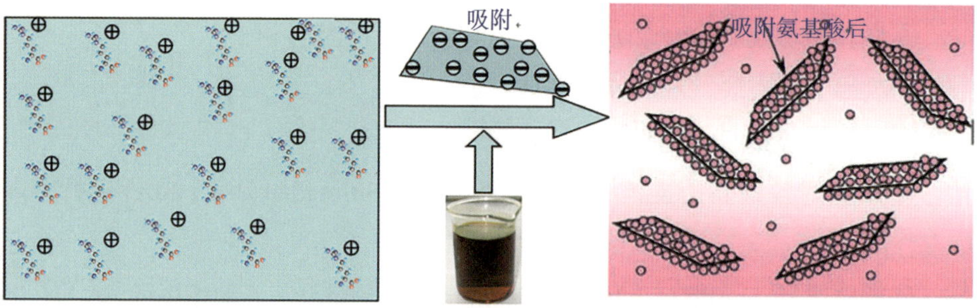

图 5-2　基于石墨烯纳米技术的金花茶代表性活性成分（如苏氨酸等）高效梯次分离技术示意图

金花茶有“植物大熊猫”“茶族皇后”的美誉。其花、叶等中不仅含有丰富的茶多酚、茶多糖、总黄酮、β－谷固醇及硒、锰、铁、锌、锗等微量元素，还含有丰富的氨基酸活性成分，如苏氨酸、丝氨酸、谷氨酸、脯氨酸和甘氨酸等，其含量视品种而略有不同，而金花茶不同部位，如叶、花朵、花粉、果实等中氨基酸含量均有差异。

国内外已有数篇针对金花茶中氨基酸含量分析的文献。例如，湛志华对金花茶叶中的化学成分进行了定性分析，通过定性分析发现，金花茶叶中氨基酸含量约占 5.80%，主要包括天冬氨酸、苏氨酸、丝氨酸、谷氨酸、脯氨酸和甘氨酸等。[①] 莫昭展对崇左金花茶的幼叶和花蕾氨基酸成分进行分析，并与其他金花茶品种进行对比，结果表明，崇左金花茶的幼叶和花蕾中氨基酸的组成与含量有明显差别，花蕾中各种氨基酸含量均高于幼叶中氨基酸的含量；与其他金花茶幼叶比较，崇左金花茶幼叶的氨基酸含量低于金花茶、长柱金花茶、显脉金花茶、毛瓣金花茶，与东兴金花茶的氨基酸含量较为接近，具有一定开发利用合理价值。[②] 梁机等测定了金花茶、长柱金花茶、显脉金花茶、平果金花茶、东兴金花茶、毛瓣金花茶、四季花金花茶等品种的金花茶的茶多酚类物质和氨基酸含量，并与市售茶叶作对照，结果表明，各种金花茶的上述成分含量差异甚大，其中毛瓣金花茶幼叶茶多酚类物质含量最高（11.7%），但低于仙回茶（18.25%）和福云绿茶（16.62%）；在所有试材中，毛瓣金花茶幼叶的氨基酸含量最高（6.3%）。[③] 彭艳华等人报道了金花茶胚状体培养中具有正常产生次级胚能力的材料（第一类）和产生次胚能力差的材料（第二类）的游离氨基酸测定结果，其中脯氨酸和低浓度（50 mmol、100 mmol）的丝氨酸促进胚状体发生与鲜重增加，脯氨酸、丝氨酸和苯丙氨酸以 50 mmol 混合使用效果最好，而且除色氨酸外，这些外加氨基酸对胚体形成频率、数目和鲜重的影响之间都有平行关系。[④] 林华娟等人对金花茶花中的化学成分及生理活性成

① 湛志华．金花茶叶中黄酮成分的提取与分离 [D]. 桂林：广西师范大学，2006.

② 莫昭展．崇左金花茶的氨基酸成分研究 [J]. 时珍国医国药，2013，24（06）：1385-1386.

③ 梁机，杨振德，卢天玲，等．从茶多酚及氨基酸含量比较 8 种金花茶制茶适宜性 [J]. 广西科学，1999（01）：73-75.

④ 彭艳华，庄承纪，段金玉．金花茶胚状体中游离氨基酸的含量及花氨酸、丝氨酸对胚状体发育的影响 [J]. 武汉植物学研究，1990（03）：268-272.

分进行了系统分析，分析结果显示，每 100 g 金花茶花中总游离氨基酸为 80.8 mg，脯氨酸占总游离氨基酸的 38.7%。[①] 魏青等人对 2 种金花茶的香气成分进行了对比分析，结果表明普通金花茶的游离氨基酸的含量为 6.501 4 mg/g，显脉金花茶游离氨基酸的含量为 1.257 5 mg/g。[②]

现有相关文献大多集中在金花茶中氨基酸活性成分含量分析上，尚无文献涉及金花茶中氨基酸活性成分的分离技术研究，尤其是利用石墨烯纳米材料分离技术来实现金花茶中氨基酸活性成分的高效分离。

文献或实验数据表明，石墨烯或功能化石墨烯纳米材料表面具有较为独特的负电特性。

氨基酸既含有能释放 H^+ 的基团（如羧基），也含有接受 OH^+ 的基团（如氨基），因此是两性化合物。当 pH=pI（等电点）时，氨基酸呈两性离子，在电场中不移动；当 pH>pI 时，氨基酸带负电荷，在电场中向正极移动；当 pH<pI 时，氨基酸带正电荷，在电场中向负极移动。

金花茶中常见氨基酸活性成分等电点如下：天冬氨酸的 pI 为 2.77，苏氨酸的 pI 为 6.16，丝氨酸的 pI 为 5.68，谷氨酸的 pI 为 3.22，脯氨酸的 pI 为 6.30，甘氨酸的 pI 为 5.97。笔者在进行本节工作时，通过调节金花茶提取液 pH 及石墨烯或氧化石墨烯或三维石墨烯或各种功能化石墨烯纳米材料表面电荷实现对金花茶中各氨基酸活性成分的梯次分离。

在进行本节工作时，通过调节金花茶浸提液的 pH，浸提液中不同氨基酸活性成分可以依次带正电，并向带负电的石墨烯膜或功能化石墨烯移动，从而达到吸附分离的效果。金花茶浸提液中茶多酚、茶多糖、黄酮类成分、亚油酸、微量元素等不带电荷，不会被石墨烯（功能化石墨烯膜）吸附。

本部分工作的目的是利用石墨烯或功能化石墨烯纳米膜分离技术来实现金花茶中氨基酸活性成分的高效梯次分离。因此，笔者选用了具有纳米尺度孔径、原子层级的厚度、可功能化修饰、较大比表面积、极高力学及机械性能，

---

① 林华娟，秦小明，曾秋文，等．金花茶茶花的化学成分及生理活性成分分析[J]．食品科技，2010，35（10）：88-91．

② 魏青，张凌云．两种金花茶香气成分的对比分析[J]．现代食品科技，2013，29（03）：668-672．

尤其是表面具有丰富负电性能的石墨烯或功能化石墨烯（包括氧化石墨烯）纳米材料作为金花茶中氨基酸活性成分分离媒介。金花茶中含有天冬氨酸、苏氨酸、丝氨酸、谷氨酸、脯氨酸和甘氨酸等多种氨基酸，各氨基酸等电点有明显差异，笔者在进行本节工作时充分利用这点，通过调节 pH 及石墨烯或氧化石墨烯纳米材料表面的电荷来实现金花茶中氨基酸的梯次分离。

每一种氨基酸吸附完成后，取出石墨烯纳米材料，分别浸泡于不同介质中（沸水、水、甲醇或乙醇），超声 10 ～ 15 min，使吸附后的氨基酸释放出来。其中，天冬氨酸的释放介质为沸水，苏氨酸的释放介质为沸水，丝氨酸的释放介质为甲醇或水，谷氨酸的释放介质为热水，脯氨酸的释放介质为水或乙醇，甘氨酸的释放介质为水。之后取出石墨烯膜（进一步清洗活化循环使用），浸泡液冷却吸出氨基酸晶体或减压除去水或醇溶剂，得到对应的氨基酸产物。

5.2.2　具体实验步骤

5.2.2.1　金花茶浓缩液的制备

采摘春季新鲜的金花原叶，用电子秤称重，对采摘的春季新鲜金花原叶进行筛选，选出鲜嫩、优质叶片，除去质量较差叶片；选出的金花原叶必须符合《中华人民共和国药典》（2010 年版）要求，即无霉变、无异味、无杂质；将优选出的金花茶原叶洗净后，用山东双佳 FS-160X 型多功能粉碎机（生产能力 30 ～ 150 kg/h）粉碎；取粉碎后的金花原叶 20 kg；加入丙酮（95% 以上）40 ～ 60 L，利用索氏提取器提取 5 ～ 6 h，得到提取液 A；提取后残渣加入 50 L 左右丙酮（95% 以上），在 40 ～ 60℃条件下超声约 1.5 h，得提取液 B；合并提取液 A 和 B，利用旋转蒸发仪旋转蒸发除去丙酮或乙醇溶剂，得到有机相的金花茶浓缩液约 2.0 L。

5.2.2.2　干燥的稻草等可再生资源碳化工艺

称取 10 g 优选洗净后干燥的稻草，切段粉碎，过 30 目筛，放入瓷坩埚中，加入 10 mL 氯化锌溶液（0.05 mol/L）作为活化剂，搅拌混匀，将混匀的料液在室温下浸渍 12 h。随后将浸渍好的料液放入马弗炉中，从室温升至 900 ℃（升温速率为 10℃ /min），保温一定时间后将活化好的试样从马弗炉中取出，立即将试样倒入一定浓度的盐酸水溶液中，再将试样用水洗涤至 pH 为 7。再将洗涤好的试样放入电热鼓风烘箱中，110℃下烘干 4 h，在干燥器中静置冷却。将试样粉碎过 300 目筛，即得到稻草等可再生资源的活性炭粗品。上述粗品采用 Cellu.sep 透析袋（规格 6 000 ～ 8 000），在 pH 为 7.38 的去离子水中透析约 7 d，真空干燥后即得活性炭纯样。

5.2.2.3 改进型 Hummers 法制备氧化石墨烯纳米片

将活性炭（1.5 g，300 目）加入盛有 12 mL 浓硫酸、2.5 g 过硫酸钾和 2.5 g 五氧化二磷的混合物中，然后加热上述混合体系至 80℃，并在该温度下磁力搅拌 5 h。随后冷却反应体系至室温，将混合物倾入 500 mL 去离子水中，静置过夜。第二日将上述静置物经 0.2 μm 滤膜过滤，洗涤并自然晾干，得预氧化石墨。将该预氧化石墨加入 0℃的浓硫酸（120 mL）中，随后缓慢加入 15 g 高锰酸钾，反应温度控制在 20℃搅拌。待高锰酸钾全部加入后，控制反应体系在 35℃下搅拌 4 h，随后加入 250 mL 去离子水，并通过外围冰浴控制温度在 50℃以下。搅拌 1.5 h 后，再加入 700 mL 去离子水，0.5 h 后，逐滴滴入 20 mL 30% 过氧化氢溶液，反应体系迅速由棕色转变为棕黄色。撤去搅拌装置，过滤该棕黄混合物，用 1 ∶ 10 HCl（1 L）洗涤以除去金属离子，随后再用 1 L 去离子水反复洗涤，得棕色固体。室温干燥后，将上述棕色固体制成水分散液（质量分数为 0.5%），连续透析 7 d，最后过滤、洗涤，重新分散超声 1 h，过滤，60℃下真空干燥 24 h，即可制备得到二维石墨烯氧化物纳米片。将上述二维石墨烯氧化物纳米片（1 g）重新分散于 100 mL 水中，超声 30 min 后加入 2 mL 水合肼，100℃回流 24 h，过滤，60℃真空干燥 24 h，即可制备得到氧化石墨烯纳米片。重复上述操作制备 30 g 氧化石墨烯纳米片。

5.2.2.4 pH 调节 1

调节第 1 步金花茶浓缩液 pH 为 6.17 ～ 6.29（pH 计即时测定），此时浓缩液 pH 仅小于脯氨酸等电点，大于其他任何氨基酸等电点。当 pH>pI 时，氨基酸带负电荷；当 pH<pI 时，氨基酸带正电荷，因此本步骤中脯氨酸带正电，天冬氨酸、苏氨酸、丝氨酸、谷氨酸、甘氨酸均带负电。

5.2.2.5　脯氨酸选择性萃取

在第 4 步溶液中加入第 3 步制备的氧化石墨烯纳米片粉末 5 g，超声 0.5 h。在超声波辅助下，带正电的脯氨酸与带负电的氧化石墨烯纳米片复合，其他氨基酸带负电不与氧化石墨烯纳米片复合，茶多酚、黄酮类物质、亚油酸等金花茶中其他物质不带电荷，基本不与氧化石墨烯纳米片结合。

5.2.2.6　脯氨酸分离

减压抽滤，用丙酮洗涤若干次（除去一些简单吸附的非脯氨酸成分），滤液 A_1 留存，待下一步实验使用。固体收集后置入装有 1 000 mL 95% 乙醇的烧杯中，超声 1 h，过滤，乙醇洗涤数次，石墨烯黑色固体收集好待下次实验使用（需洗涤烘干活化）。滤液 B_1 旋转蒸发除去乙醇，干燥后得白色结晶性粉末：脯氨酸产物。脯氨酸产物可进一步重结晶纯化。

5.2.2.7　pH 调节 2

类似地，将上一步已分离脯氨酸的滤液 A_1 的 pH 调节为 5.98 ～ 6.15（pH 计即时测定），此时苏氨酸带正电，其他氨基酸带负电，加入第 3 步制备的氧化石墨烯纳米片粉末，超声 0.5 h。在超声波辅助下，带正电的苏氨酸与带负电的氧化石墨烯纳米片复合，其他氨基酸带负电不与氧化石墨烯纳米片复合，茶多酚、黄酮类物质、亚油酸等金花茶中其他物质不带电荷，基本不与氧化石墨烯纳米片结合。

5.2.2.8　苏氨酸分离

减压抽滤，用丙酮洗涤若干次（除去一些简单吸附的非苏氨酸成分），滤液 A_2 留存，待下一步实验使用。固体收集后置入装有 1 000 mL 沸水的烧杯中，超声 0.5 h，趁热过滤，沸水洗涤数次，石墨烯黑色固体收集好待下次实验使用（需洗涤烘干活化）。装有温度较高的水溶液 B_2 的烧杯迅速放入冰水混合物中，析出的白色晶体经过分离干燥即得苏氨酸产物，苏氨酸产物可进一步重结晶纯化。

5.2.2.9　pH 调节 3

重复上述操作，取滤液 A_2，调节 pH 为 5.69 ～ 5.96（pH 计即时测定），此时甘氨酸带正电，其他氨基酸带负电，加入第 3 步制备的氧化石墨烯纳米片粉末 5 g，超声 0.5 h。在超声波辅助下，带正电的甘氨酸与带负电的氧化石墨烯纳米片复合，其他氨基酸带负电不与氧化石墨烯纳米片复合，茶多酚、黄酮类物质、亚油酸等金花茶中其他物质不带电荷，基本不与氧化石墨烯纳米片结合。

5.2.2.10　甘氨酸分离

减压抽滤，用丙酮洗涤若干次（除去一些简单吸附的非甘氨酸成分），滤液 A_3 留存待下一步实验使用。固体收集后置入装有 1 000 mL 去离子水的烧杯中，超声 0.5 h，过滤，去离子水洗涤数次，石墨烯黑色固体收集好待下次实验使用（需洗涤烘干活化）。水溶液 B_3 减压除去水，即得白色结晶粉末，分离干燥后即得甘氨酸产物。甘氨酸产物可进一步重结晶纯化。

5.2.2.11　pH 调节 4

重复上述操作，取滤液 A_3，调节 pH 为 3.23 ～ 5.67（pH 计即时测定），此时丝氨酸带正电，其他氨基酸带负电，加入第 3 步制备的氧化石墨烯纳米片粉末 5 g，超声 0.5 h。在超声波辅助下，带正电的丝氨酸与带负电的氧化石墨烯纳米片复合，其他氨基酸带负电不与氧化石墨烯纳米片复合，茶多酚、黄酮类物质、亚油酸等金花茶中其他物质不带电荷，基本不与氧化石墨烯纳米片结合。

5.2.2.12　丝氨酸分离

减压抽滤，用丙酮洗涤若干次（除去一些简单吸附的非丝氨酸成分），滤液 A_4 留存，待下一步实验使用。固体收集后置入装有 1 000 mL 95% 甲醇的烧杯中，超声 0.5 h，过滤，甲醇洗涤数次，石墨烯黑色固体收集好待下次实验使用（需洗涤烘干活化）。滤液 B_4 旋转蒸发除去甲醇即得白色结晶，分离干燥后即得丝氨酸产物，丝氨酸产物可进一步重结晶纯化。

5.2.2.13　pH 调节 5

重复上述操作，取滤液 A_4，调节 pH 为 2.78 ～ 3.21（pH 计即时测定），此时谷氨酸带正电，其他氨基酸带负电，加入第 3 步制备的氧化石墨烯纳米片粉末 5 g，超声 0.5 h。在超声波辅助下，带正电的谷氨酸与带负电的氧化石墨烯纳米片复合，其他氨基酸带负电不与氧化石墨烯纳米片复合，茶多酚、黄酮类物质、亚油酸等金花茶中其他物质不带电荷，基本不与氧化石墨烯纳米片结合。

5.2.2.14　谷氨酸分离

减压抽滤，用丙酮洗涤若干次（除去一些简单吸附的非谷氨酸成分），滤液 A_5 留存，待下一步实验使用。固体收集后置入装有 1 000 mL 沸水的烧杯中，超声 0.5 h，趁热过滤，沸水洗涤数次，石墨烯黑色固体收集好留待下次实验使用（需洗涤烘干活化）。装有温度较高的水溶液 B_5 的烧杯迅速放入冰水混合物中，析出的鳞片状晶体经过分离干燥即得谷氨酸产物，谷氨酸产物可进一步重结晶纯化。

5.2.2.15　pH 调节 6

重复上述操作，取滤液 A_5，调节 pH 小于 2.77（pH 计即时测定），此时天冬氨酸带正电，加入第 3 步制备的氧化石墨烯纳米片粉末 5 g，超声 0.5 h。在超声波辅助下，带正电的天冬氨酸与带负电的氧化石墨烯纳米片复合，茶多酚、黄酮类物质、亚油酸等金花茶中其他物质不带电荷，基本不与氧化石墨烯纳米片结合。

5.2.2.16　天冬氨酸分离

减压抽滤，用丙酮洗涤若干次（除去一些简单吸附的非天冬氨酸成分），滤液 A_6 可浓缩得到除去氨基酸的金花茶浓缩液（含有茶多酚、亚油酸、总黄酮、茶多糖等活性成分，可用于金花茶其他产品开发），固体收集后置入装有 1 000 mL 沸水的烧杯中，超声 0.5 h，趁热过滤，沸水洗涤数次，石墨烯黑色固体收集好留待下次实验（需洗涤烘干活化）。装有温度较高的水溶液 B_6 的烧杯迅速放入冰水混合物中，析出的白色晶体经过分离干燥即得天冬氨酸产物，天冬氨酸产物可进一步重结晶纯化。

5.3 一种基于碱性石墨烯纳米复合材料的金花茶黄酮类化合物提取分离方法

5.3.1 实验概述

黄酮类化合物中有药用价值的化合物很多，因此对该化合物的研究已成为国内外医药界研究的热门话题。黄酮类化合物是一类具有广泛开发前景的天然药物，在医药、食品等领域均有巨大的应用前景。这些化合物可用于防治心脑血管疾病，如能降低血管的脆性、改善血管的通透性、降低血脂和胆固醇，防治老年高血压、脑出血、冠心病、心绞痛等，扩张冠状血管，增加冠脉流量。许多黄酮类化合物具有止咳、祛痰、平喘及抗菌的活性，同时具有护肝、解肝毒、抗真菌、治疗急、慢性肝炎、肝硬化及抗自由基和抗氧化作用。黄酮类化合物还具有与植物雌激素相同的作用。例如，地果具有清热、利湿、活血、解毒、消痞化积等作用，临床用于治疗风热咳嗽、痢疾、水肿、黄疸、风湿痹痛、痔疮出血、闭经、带下、跌打损伤、无名肿毒及小儿消化不良等症状。在畜牧业动物生产上，黄酮类化合物的应用能显著提高动物生产性能、提高动物机体抗病力、改善动物机体免疫机能。金花茶叶和花中富含异黄酮、双黄酮、黄烷醇、花色苷、双氢黄及新黄酮类等黄酮类活性化合物，在降脂降压功能药品、保健品研制领域具有很好的应用前景。

传统黄酮物质提取方法受制于提取效率或提取成本，因此有必要发展一类植物中黄酮类化合物提取的新方法。黄酮类化合物大多具有酚羟基，整体呈弱酸性，易溶于碱水，酸化后又可沉淀析出。实验原理一是由于黄酮酚羟基的酸性，二是由于黄酮母核在碱性条件下开环形成 2′- 羟基查耳酮，极性增大而溶解。因此，可用碱性水溶液（碳酸钠、氢氧化钠、氢氧化钙水溶液）或碱性醇溶液（50% 乙醇）浸出，浸出液经酸化后便可析出黄酮类化合物。本部分工作利用呈弱碱性的新型吸附载体碱性石墨烯纳米复合材料实现植物中弱酸性黄酮类化合物的吸附分离，如图 5-3 所示。

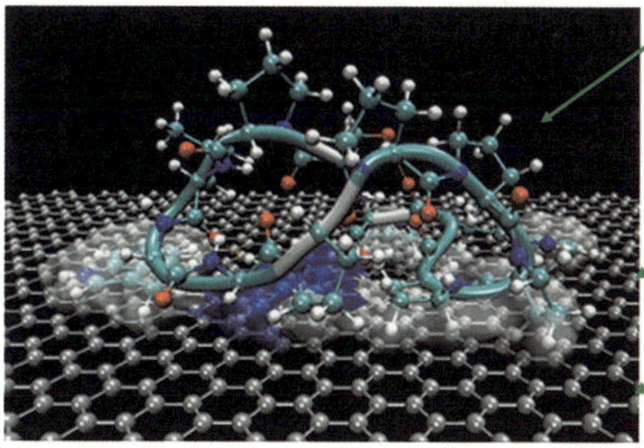

图 5-3　基于碱性石墨烯纳米复合材料的金花茶中黄酮类化合物高效分离技术

本部分工作的目的是制备具有弱碱性的氨基化石墨烯、氨基化石墨烯氧化物、氨基化石墨烯 - 高分子材料、壳聚糖 - 石墨烯复合膜、壳聚糖 - 石墨烯氧化物、金属粒子 / 壳聚糖 - 石墨烯、氨基化石墨烯 - 离子液体、石墨烯 - 碱性离子液体等纳米复合材料，并应用上述纳米复合材料对芸香科、石楠科、唇形科、伞形科、豆科等植物中弱酸性黄酮类化合物（如黄酮、黄烷醇、异黄酮、双氢黄酮、双氢黄酮醇、黄烷酮、花色素、查耳酮、色原酮等）进行高效吸附分离。

5.3.2　实验步骤

典型的碱性石墨烯纳米复合材料的制备步骤如下。

5.3.2.1　三乙烯四胺改性氧化石墨烯和三乙烯四胺改性石墨烯

将按 Hummers 法制备的 200 mg 氧化石墨烯加入 200 mL DMF 中，超声处理 2.5 h，得到氧化石墨烯悬浮液，然后加入 30 g 三乙烯四胺与 5 g 二环己基碳酰亚胺，超声 5 min，在 120℃下反应 48 h，加入 60 mL 无水乙醇，静置过夜；除去上层清液，用聚四氟乙烯膜过滤下层沉淀，并用乙醇、去离子水洗涤，所得样品于 70℃下真空干燥 24 h，得到三乙烯四胺改性氧化石墨烯；将三乙烯四胺改性氧化石墨烯 1 g 分散于 100 mL 去离子水中，超声 0.5 h 后于 100℃反应 2 h，无水乙醇、去离子水洗涤多次，真空干燥得三乙烯四胺改性石墨烯。

5.3.2.2 乙二胺改性氧化石墨烯（EDA-GO）和乙二胺改性石墨烯（EDA-GR）

采用改进 Hummers 法制备 GO：将 C 粉 3 g、浓 H_2SO_4 溶液 70 mL 和 $NaNO_3$ 粉末 1.5 g 冰水浴磁力搅拌后缓慢分步加入含有 $KMnO_4$ 粉末 9 g 的容器中，35℃保温过夜，使其形成棕红色黏糊状物质。随后经大量水稀释，滴加 20 mL 的 30% H_2O_2 溶液，再使用 1 mol/L 的稀 HCl 溶液洗涤、静置和沉淀。除去上清液后，使用大量去离子水反复洗涤，低速离心、沉淀至溶液呈弱酸性（pH 为 5 ～ 6）。最后，经大功率超声仪剥离 3 h 以上，高速离心 12 000 ～ 14 000 r/min 后的上清液即稳定的 GO 胶体溶液。为进一步纯化，将 GO 胶体溶液透析 7 d，40℃真空干燥后备用。取 100 mg GO 和 20 mL DMF 加入三口烧瓶中，超声分散后得到 GO 的 DMF 悬浮液，快速搅拌下缓慢加入 0.3 g EDA，N_2 保护下反应 24 h，其中，反应 12 h 后超声 30 min 再继续反应，获得乙二胺改性 GO（EGO）。将 EDA-GO 1g 分散于 100 mL 去离子水中，超声半小时后 100℃下反应 2 h，用无水乙醇、去离子水洗涤多次，真空干燥得三乙烯四胺改性石墨烯（EDA-GR）。

5.3.2.3 氨基化石墨烯 - 环氧树脂纳米复合材料的制备

将 20 mg 三乙烯四胺改性氧化石墨烯、20 mg 乙二胺改性石墨烯、按 Hummers 法制备的 20 mg 氧化石墨烯加入 20 mL DMF 中，超声处理 2 h，得到均匀的悬浮液；将悬浮液加入 70℃预热 2 h 的 20 g 环氧树脂中，保温并高速搅拌 5 h，所得混合物在 70℃下真空干燥 4 h，以 4 ∶ 1 的比例加入固化剂，然后注入模具中抽真空脱除气泡，常温固化。

5.3.2.4 壳聚糖 - 石墨烯复合膜（非共价结合，丰富末端氨基）的制备

称取一定量的壳聚糖，溶于醋酸水溶液（体积比 1 ∶ 40）中，得到质量百分比为 2% 的壳聚糖醋酸溶液，将按 Hummers 法制备的氧化石墨烯按不同比例加入壳聚糖溶液中，搅拌 6 h 后用超声波超声 20 min，使氧化石墨烯分散均匀，脱泡，50℃下烘干，制得壳聚糖 / 氧化石墨烯复合膜，以此方法，改变复合膜中氧化石墨烯的含量，分别制得氧化石墨烯的质量百分比为 0.5%、2%、3%、4% 的壳聚糖复合膜。

5.3.2.5　壳聚糖共价功能化石墨烯纳米材料（末端氨基）的制备

将石墨烯氧化物（200 mg）分散到 40 mL 二氯亚砜与 1 mL N,N- 二甲基甲酰胺的混合介质中，室温超声 0.5 h，随后回流 52 h，制备得到棕色酰氯化合物（219.2 mg）。与此同时，将按照文献方法制备的邻苯二甲酰壳聚糖（1.753 g）、氯化锂（1.201 g）和 N, N- 二甲基乙酰胺（120 mL）混合，在氮气保护下 140℃反应 2 h。该反应体系冷却后，将前一步制得的棕色酰氯化合物（219.2 mg）及 14 mL 吡啶加入反应体系中，氮气保护下回流 48 h，冷却后过滤、洗涤，真空干燥。干燥后固体在 120 mL 蒸馏水中搅拌 6 h，过滤，保留固体重新分散于 200 mL 水中，超声 1 h，过滤、洗涤。所得固体在真空 65℃下干燥 24 h，得中间体 PHCS-GO（205 g）。将该中间体分散于 15 mL 水合肼中，80℃下反应 16 h 去除邻苯二甲酰保护。过滤、洗涤，真空干燥得到含活性氨基的壳聚糖共价功能化石墨烯纳米材料 175 mg。

5.3.2.6　钯纳米粒子 / 壳聚糖 - 共价功能化石墨烯纳米材料（末端氨基）的制备

将上述制备的壳聚糖共价功能化石墨烯纳米材料（100 mg）加入 1.5 mL 水，随后加入 10 mL 乙二醇，超声 20 min，逐滴加入氯化钯乙二醇或者水溶液（或其他金属纳米粒子前体如氯化钯、氯铂酸、氯金酸、四氯化锗、硝酸银、硫酸铜、氯化铜、氯化钴的乙二醇溶液或水溶液）10 mL（2.03 mg 金属 /mL），调节 pH 到 5 ～ 6，超声反应 5 min，搅拌过夜。随后，用 2.5 mol/L 的氢氧化钠调节 pH 到 13，140℃下反应 3 h，整个反应过程均采取氮气保护。冷却到室温后，过滤，水及乙醇各洗涤 3 次，真空 65℃下干燥 24 h，得到钯纳米颗粒 / 壳聚糖共价功能化石墨烯类纳米复合材料。

5.3.2.7　石墨烯 - 碱性离子液体纳米复合材料的制备

（1）以石墨烯 -1- 丁基 -3- 甲基咪唑氢氧化物纳米复合材料为例：将 20 mg 按 Hummers 法制备的石墨烯氧化物加入 100 mL 离子液体（石墨烯 -1- 丁基 -3- 甲基咪唑氢氧化物）中，混合且搅拌，得到氧化石墨烯 - 离子液体聚合物。将该氧化石墨烯 - 离子液体聚合物在 90℃下，以 6.4 mol 水合肼为还原剂还原 1 h，制备得到石墨烯 - 离子液体聚合物复合材料。

（2）其他复合材料的制备：利用该方法，可以制备石墨烯与其他碱性离子液体［如1-氨基碘化吡啶、双-（3-甲基-1-咪唑）亚乙基双氢氧化物、1-丁基-3-甲基咪唑氢氧化物、1-甲基-3-丁基咪唑氢氧化物、1-氰甲基氯化吡啶］等的纳米复合材料。

5.3.2.8 氨基化石墨烯-离子液体纳米复合材料

以氨基化石墨烯-离子液体纳米复合材料为例：将20 mg前述各类氨基化的石墨烯氧化物加入100 mL离子液体（石墨烯-1-丁基-3-甲基咪唑溴化物）中，混合且搅拌，得到氨基化石墨烯氧化物-离子液体聚合物。此后，将该氨基化石墨烯氧化物-离子液体聚合物在90℃下，以6.4 mol水合肼为还原剂还原1 h，制备得到各种氨基化石墨烯-离子液体聚合物复合材料。

利用该方法，可以制备各种氨基化石墨烯与其他离子液体［如1-乙基-3-甲基咪唑六氟磷酸盐、1-乙基-3-甲基咪唑双三氟甲磺酰亚胺盐、1-丁基-3-甲基咪唑双三氟甲磺酰亚胺盐、1-丁基-3-甲基咪唑四氟硼酸盐、氯化1-丁基-3-甲基咪唑、溴化1-丁基-3-甲基咪唑、1-己基吡啶三氟甲磺酸盐、溴化1-乙基-3-甲基咪唑、1-乙基-3-甲基碘化咪唑鎓、1-丁基-3-甲基咪唑六氟磷酸盐、1-丁基-3-甲基咪唑双三氟甲磺酰亚胺盐、1-乙基-3-甲基咪唑四氟硼酸盐、1,2-二甲基-3-丙基咪唑双（三氟甲磺酸）亚胺、1-乙基-3-甲基咪唑嗡甲苯磺酰酯、1-氰甲基氯化吡啶、1-乙基-3-甲基咪唑六氟磷酸盐、1-己基吡啶六氟磷酸盐、1-丁基-2,3-二甲基咪唑六氟磷酸盐、1-己基-3-甲基咪唑六氟磷酸盐、三己基（十四烷基）膦六氟磷酸盐、1-丁基-3-甲基咪唑四氟硼酸盐、1-丁基-3-甲基氯化咪唑、1-丁基-3-甲基咪唑二乙二醇单甲醚硫酸盐、1-丁基-3-甲基咪唑甲基磺酸盐、1-丁基-3-甲基咪唑辛基硫酸盐、1-丁基-3-甲基咪唑磷酸盐、1-氨基碘化吡啶、双-（3-甲基-1-咪唑）亚乙基双氢氧化物、1-丁基-3-甲基咪唑氢氧化物、1-甲基-3-丁基咪唑氢氧化物、1-氰甲基氯化吡啶等］的纳米复合材料。

上述各类氨基化石墨烯-离子液体纳米复合材料或碱性石墨烯离子液体纳米复合材料具有丰富的端氨基结构或碱性结构（如离子液体结构中的OH^-等碱性结构），使它们呈弱碱性。本部分工作拟利用呈弱碱性的氨基化石墨烯-

离子液体纳米复合材料与呈弱酸性的黄酮类物质的吸附萃取作用，实现植物中黄酮类物质的有效分离。

5.4　一种基于复合纳滤膜的金花茶中金属元素富集分离方法

5.4.1　实验概述

本部分工作公开了一种基于复合纳滤膜的金花茶等植物中金属元素富集分离方法。制备聚酰胺－胺型树状大分子复合纳滤膜，以及金花茶、茶水相萃取液，将复合纳滤膜用于富集分离金花茶等植物中金属元素，得到金花茶金属元素萃取浓缩液；将所得金花茶水相萃取浓缩液经电感耦合等离子体原子发射光谱法、原子荧光光谱或电感耦合等离子体质谱技术进行检测，确定金花茶、茶中各金属元素含量。本部分工作将聚丙烯腈、聚偏氟乙烯、聚二甲基硅烷等膜支撑体和聚酰胺－胺型树状大分子复合制成纳滤膜，并应用该纳滤膜富集分离金花茶等山茶科植物中叶、花、果、根茎等中的硒、锰、铁、锌、钙、钒等金属元素（图 5–4），便于后续分析检测。

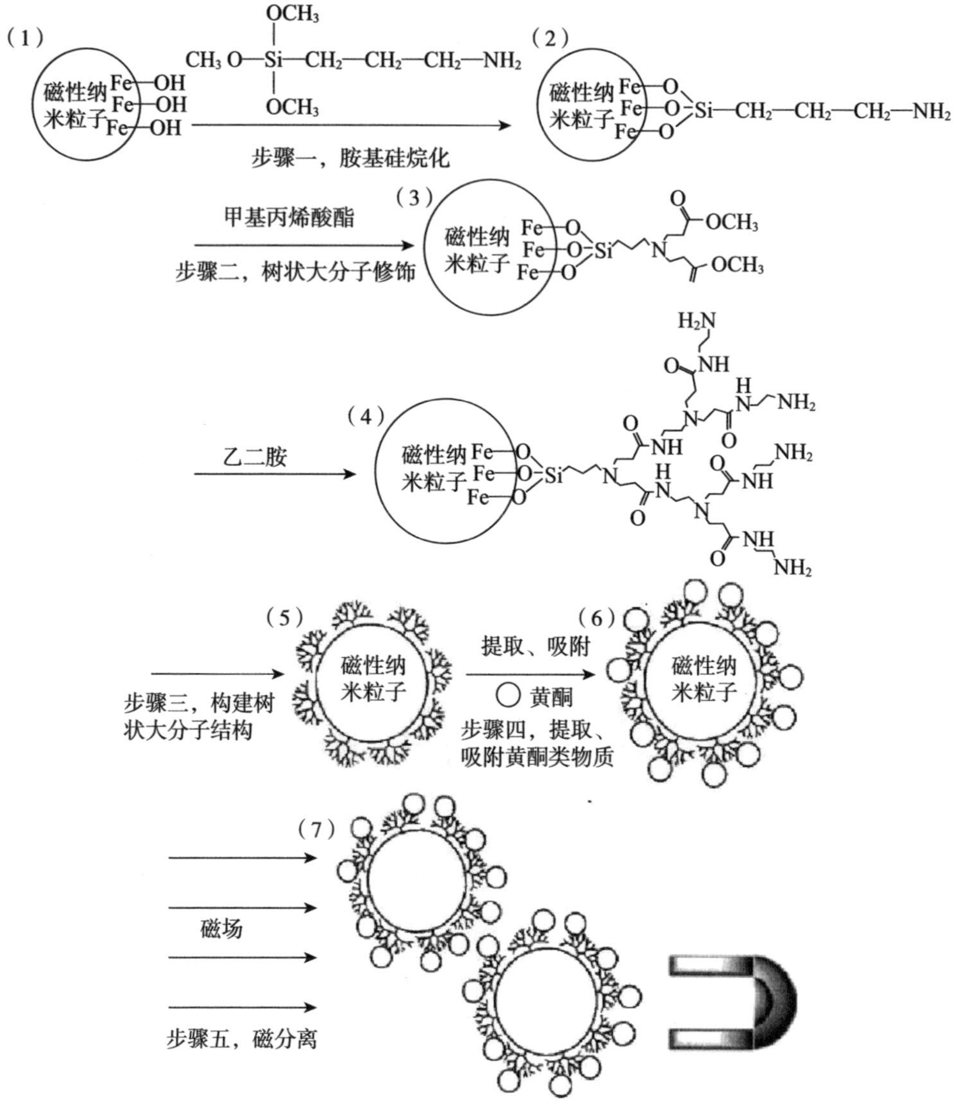

图 5-4　基于聚酰胺 - 胺型树状大分子复合纳滤膜的金花茶中金属元素富集分离方法示意图

目前也有一些关于金花茶及其他山茶科植物中微量元素检测分离方面的报道（但在富集方面的工作比较少）。彭靖茹等人对金花茶花朵不同部位微量元素的含量进行了分析研究，采用微波消解样品与电感耦合等离子体原子发射光谱法同时测定钾、钠、钙、镁、磷、铜、铁、锌、锰、钼、镍、铅、镉、铬的含量，结果表明，花朵中富含微量元素，而且各元素含量在花瓣、花蕊、花粉之中差异较大。[①] 诸葛纯英等人采用高频电感耦合等离子体－发射光谱法及催化极谱法，测定了广西部分地区的白毫茶、石龙茶、金花茶、山绿茶、苦丁茶及绞股蓝茶6种茶叶中铜、锌、铁、锰、钙、镁、钴、铬、锶、钼、硒及锗12种无机元素含量，并着重讨论了茶叶中微量元素锗、硒特征，为合理饮茶、增进健康、预防疾病提供了参考。[②] 杨义钧等人按照传统的花茶饮用方法对杭白菊茶、野菊花茶、贡菊茶3种菊花茶中钙、镁、铁、锰、铜、锌6种元素进行浸取，用0.45 μm微孔滤膜分离浸取液中的可溶态和悬浮态，采用电感耦合等离子体原子发射光谱法对这3种菊花茶中微量元素的初级形态进行了测定。结果显示，菊花茶中6种元素的提取率为12.4%～80.4%，可溶态在水浸液中的比率为74.3%～96.5%。[③] 白吉庆等人采用原子吸收分光光度计法测定铬、铁、锌、锰、镍、镁、铜的含量，采用原子荧光分光光度法测定硒的含量。研究结果表明，7月太白药王茶所含8种微量元素中，硒、铬、铜、铁、镍、镁含量相对较高。[④] 黄启为等对古丈毛尖茶中铅、汞、铜、镉、铬、砷和氟等有碍人体健康的限制性微量元素进行了测定分析，旨在探明古丈毛尖茶的限制性微量元素含量状况。[⑤] 潘慧娟等人测定了浙江、海南、黄山和贵州苦丁茶样品中铅元素含量，苦丁茶样品经高氯酸、硝酸（1 ∶ 4）的混合酸消解，采用石墨炉原子吸收分光光度法测定，结果显示小叶苦丁茶中铅元素含量显著高于大叶苦丁茶中铅元素含量。与海南和黄山大叶苦丁茶样品相比，浙江苦丁茶中铅元素含量更高，研究表明这次测试的开化、武义和贵州小叶苦丁茶样品中铅含

---

① 彭靖茹，甘志勇．金花茶花朵中微量元素的研究[J]. 分析科学学报，2009，25（04）：484-486.

② 诸葛纯英，关雄俊，李溪光．茶叶中锗元素分析[J]. 广东微量元素科学，1998（03）：61-63.

③ 杨义钧．3种菊花茶中6种微量元素的初级形态及溶出特性研究[J]. 光谱实验室，2009，26（04）：959-962.

④ 白吉庆，王小平，许建强．主成分分析用于太白药王茶中微量元素的含量[J]. 陕西中医，2011，32（10）：1394-1397.

⑤ 黄启为，黎星辉，唐和平，等．古丈毛尖茶限制性微量元素含量的分析[J]. 经济林研究，2001（04）：25-26.

量已超标，需引起有关部门重视。[①] 吴一兵等人采用微波消解方法处理减肥茶样品后，用电感耦合等离子体质谱法测定样品中铅、汞、镉、砷、铜重金属元素的含量，通过优化电感耦合等离子体质谱法测定条件，用内标克服仪器信号漂移及样品基体效应等的影响，建立了电感耦合等离子体质谱法测定减肥茶中多种元素的同时，对市场上不同厂家及不同批次的 7 例样品重金属的污染状况进行了评估，为健康安全使用减肥茶提供了有益参考。[②]

综上所述，现有文献大多集中在金花茶等山茶科植物中各微量元素或铅、汞等限制重金属元素的分析检测。但很多金属元素在山茶科植物花、叶、果中含量较少，并不容易测定，检测灵敏度和准确度都面临很大困难，需要应用共沉淀法、萃取法、浮选法、离子交换法、吸附分离法、电化学分离法、分子印迹法、纳滤法等方法实现金属元素的富集，再进行后续分析检测。聚酰胺－胺型树状大分子通常以乙二胺为中心核，第一步是与丙烯酸甲酯进行迈克尔（Michael）加成反应，得到 0.5 代聚酰胺－胺型树状大分子，这种反应在 25℃下具有很高的选择性；第二步是将得到的 0.5 代聚酰胺－胺型树状大分子与过量的乙二胺在 25℃下反应，得到 1.0 代聚酰胺－胺型树状大分子。每重复以上两步反应，分子代数增长一代，在适当条件下，不断重复以上两个步骤就可以得到不同代数的聚酰胺－胺树状大分子，如第 4 代聚酰胺－胺型树枝状大分子、第 5 代聚酰胺－胺型树枝状大分子，聚酰胺－胺型树枝状大分子复合膜首先被应用于超滤膜改性，如利用其端基对 Cu（Ⅱ）离子的高效包覆，使膜对 Cu（Ⅱ）离子的清除率显著提高。Tishchenko 等人采用原位改性的方法，引入壳聚糖 -EGDGE- 体系对聚石风中空纤维膜进行表面修饰。[③] 壳聚糖与 EGDGE 形成交联结构，起到作为聚酰胺－胺型树枝状大分子结合载体的作用，制得的复合膜可耐较高气体压力，分离性能优异。而富有丰富末端氨基的单一的聚

① 潘慧娟，王超英．我国不同产地苦丁茶中铅元素含量分析[J]. 杭州师范学院学报（医学版），2008（04）：262-264.

② 吴一兵，苏建 .ICP-MS 法测定减肥茶中铅、汞、镉、砷、铜重金属元素 [J]. 北方药学，2013，10（04）：1-2.

③ TISHCHENKO G，BLEHA M. Diffusion permeability of hybrid chitosan/polyhedral oligomeric silsesquioxanes (POSS™) membranes to amino acids[J]. Journal of Membrane Science，2005，248（1/2）：45-51.

酰胺－胺型树枝状大分子对于溶液中的金属离子有很强的螯合能力，但聚酰胺－胺型树枝状大分子具有良好的亲水能力，因此其不常作为分离溶液离子的材料，而将聚酰胺－胺型树枝状大分子与聚丙烯腈等纳滤膜支撑体结合则可充分利用二者的优势。纳滤是一种有别于超滤和反渗透的压力驱动膜技术，其操作压力、有效截留分子量都处于超滤与反渗透之间。纳滤膜孔径在 1 nm 以上，一般为 1 ～ 2 nm，是允许溶剂分子或某些低分子量溶质或低价离子透过的一种功能性的半透膜。纳滤膜因能截留物质的大小约为纳米而得名，它截留有机物的分子量为 150 ～ 500，截留溶解性盐的能力为 2% ～ 98%，对单价阴离子盐溶液的脱盐低于高价阴离子盐溶液。20 世纪 80 年代后期，纳滤膜开始实现商品化。近年来，以色列（Israel）脱盐公司研发出一种新型的膜过程，对 NaCl 的截留率为 50% ～ 70%，对有机物小分子的截留率可达到 90%，该膜过程被称为混合过滤。这种膜过程具有纳滤膜典型的特点：一个是其截留分子量介于反渗透膜和超滤膜之间，约为 200 ～ 2 000；另一个是纳滤膜对多价无机盐有一定的截留率。该膜对大分子和多价离子具有较高的截留率，但对于一价离子的截留率比较低，可以归为纳滤过程。另有文献描述的疏松反渗透、低压反渗透、超滤—反渗透等过滤过程，实际都为纳滤过程。我国的纳滤膜研究始于 20 世纪 90 年代初，1993 年高从堦院士首次提出纳滤膜概念，并首先采用界面聚合法制备了芳香族聚酰胺复合纳滤膜。自此纳滤膜技术受到国内科学工作者的关注，并逐渐成为膜研究的热点。纳滤膜制备的关键是合理调节表层的疏松程度。目前，常见的纳滤膜制备方法主要有复合法、转化法、共混法、荷电化法等。为了改善膜的性能以适应各种工业的特殊需求，近年来研究者尝试将聚酰胺－胺型树枝状大分子引入分离膜的制备领域。本部分工作将聚丙烯腈、聚偏氟乙烯、聚二甲基硅烷、聚砜、聚醚砜、醋酸纤维素、硅橡胶、聚酰胺、聚醚酰胺亚或聚酰亚胺（型号 Desal-DK 或 STARMEM）等膜支撑体和聚酰胺－胺型树状大分子复合制成纳滤膜，并应用该类膜材料实现对金花茶、油茶、茶梅等山茶科植物中锌、硒、锰、铜等金属元素的富集分离。选用不同的支撑体可以得到性能各异的纳滤膜。

如上所述，一般复合纳滤膜的支撑体材料多选用聚醚砜、聚砜、聚酰亚胺、聚醚亚酰胺等一些具有一定亲水性的超滤膜，以此类超滤膜作为支撑膜可使界面聚合的水相单体较容易吸附于膜表面，利于反应在支撑层上进行。而PAN超滤膜和PVDF超滤膜等疏水性材料也可作为复合纳滤膜的支撑体。PAN具有良好的耐溶剂性、化学稳定性和热稳定性，而且价格低廉，成膜条件不苛刻，是一种性能良好的膜材料。聚偏氟乙烯具有优异的耐腐蚀及耐酸碱性能，且化学稳定性好、机械强度高、抗吸附污染性好、耐紫外线老化、分离透过通量高，广泛应用于制膜工业。聚丙烯腈与聚偏氟乙烯都具有一定的疏水性，影响了界面聚合的水相单体在膜表面的吸附，可以通过对支撑膜进行一定的前处理改善亲水性。聚丙烯腈基膜上具有不饱和的腈基，可以通过碱处理将腈基水解成羧基，前处理改善了亲水性，并且可使羟基与复合层的端胺基形成较稳定的化学键，增强支撑层与复合层的吸附。聚偏氟乙烯超滤膜经过强氧化剂处理，也可改善亲水性能。

5.4.2 实验步骤

5.4.2.1 0.5代聚酰胺－胺型树枝状大分子的制备

称量20 g甲醇于三口烧瓶中，通氮气，在冰浴条件下，将2 g乙二胺滴加至20 g甲醇中，室温搅拌2 h脱氧，再滴加46 g丙烯酸甲酯，在黑暗中室温下搅拌48 h。在0.15～0.70 kPa室温下除去多余溶剂，得到无色液体。

5.4.2.2 2.0代聚酰胺－胺型树枝状大分子的制备

在三口烧瓶中加入2 g 0.5代聚酰胺－胺型树枝状大分子和10 mL甲醇，通氮气搅拌2 h。将约120 g乙二胺置于另一三口烧瓶中，在冰浴条件下逐渐加甲醇约60 g，再冷却至0～5℃，在冰浴条件下将含0.5代的甲醇溶液缓缓滴至乙二胺的甲醇溶液中，滴毕，室温黑暗中搅拌62 h。在0.15～0.70 kPa室温调节下除去多余的溶剂，得到淡黄色液体。循环上述步骤若干次即得2.0代制备。

5.4.2.3 聚丙烯腈超滤膜的前处理

将聚丙烯腈超滤膜浸泡于30℃的2 mol/L NaOH溶液处理1 h，之后取出浸泡于2 mol/L HCl溶液中30 min，使膜表面发生羧基化反应。对聚丙烯腈超滤膜进行前处理可以提高支撑膜与亲水性单体聚酰胺－胺型树枝状大分子的接触，同时反应在膜表面生成的—COOH有利于膜与水相和聚酰胺－胺型树枝状大分子的端胺基通过离子键相结合。这种形式的离子键结合可以提高复合层与支撑膜之间的结合力，同时有利于提高水通量。

5.4.2.4　聚丙烯腈 –2.0 代聚酰胺 – 胺型树枝状大分子复合纳滤膜的制备

将前处理过的超滤膜浸泡于 2.0 代聚酰胺 – 胺型树枝状大分子水溶液中不少于 10 min，使聚酰胺 – 胺型树枝状大分子充分地扩散于超滤膜表面及膜孔内；取出沥干膜表面多余的溶液，并用玻璃棒平稳地刮过膜表面，去除表面上残留水滴及气泡；置于空气中阴干 2 ～ 3 min 至表面无明显液体，然后浸泡到均苯三甲酰氯的正己烷溶液中进行缩聚反应；反应一定时间后取出，挥发表面残留溶剂，并放于烘箱进行热处理 15 min，之后置于室温下阴干待用；纳滤膜使用过后浸泡于去离子水中室温保存。

透过通量由如下公式计算：

$$J=\frac{V}{A\cdot t} \tag{5-1}$$

式中：A 为膜的截留物质量；t 为过滤时间；V 为过滤体积。

截留率由如下公式计算：

$$R=(C_f-C_p)/C_f \tag{5-2}$$

式中：C_f 为滤液中溶质的浓度；C_p 为原料液中溶质的浓度。

5.4.2.5　金花茶萃取液的制备

采摘新鲜金花茶叶、花或果实，按照《中华人民共和国药典》(2010 年版) 选出鲜嫩、优质金花茶叶、花或果实，洗净干燥后用中药粉碎机粉碎；取粉碎后的金花茶叶、花或果实 0.5 kg，加入去离子水 2 L，利用索氏提取器提取 5 ～ 6 h，得提取液 A；提取后残渣加入 1 L 去离子水，在 40 ～ 60℃条件下超声约 1.5 h，得提取液 B；合并提取液 A 和 B，得到水相的金花茶叶、花或果实萃取液。

5.4.2.6　复合纳滤膜富集分离金花茶金属元素

取上述制备好的聚丙烯腈 –2.0 代聚酰胺 – 胺型树枝状大分子复合纳滤膜，装入纳滤装置中，将金花茶水相萃取液泵入纳滤装置中，随着料液在中央渗透物管中流动，经过复合纳滤膜时，一价离子如钠离子、钾离子等及溶剂水分子绝大部分通过纳滤膜滤出，而经由中央渗透物管另一端流出的是滤除大部分水及一价离子的浓缩液。重复上述纳滤过程 1 ～ 2 次，一价离子和溶剂水分子可滤除得更为彻底，最后得金花茶水相浓缩液。

5.4.2.7　元素含量检测

得到的水相浓缩液经电感耦合等离子体原子发射光谱法检测，确定金花茶叶、花或果中硒、锰、铁、锌、钙、镁、磷、铜、钼、镍、铅、镉、铬、汞、镓、钒等金属元素含量。

第 6 章　金花茶抗氧化实验研究

本章以金花茶中高效分类皂苷类物质等活性成分为基础，通过体外抗氧化实验，以维生素 C 为对照品，分别开展所分离皂苷成分对羟基自由基（·OH）、有机自由基 1,1- 二苯基 -2- 苦基肼（1,1-diphenyl-2-picrylhydrazyl, DPPH·）、超氧阴离子（O^{2-}·）、亚硝酸根离子（NO_2^-）等清除能力的研究。本项目联合企业基于金花茶总皂苷良好的抗氧化能力开发抗氧化颗粒冲剂等相关产品，具有较好的应用前景。

具体实验操作是取 6 支具塞试管，分别加入 4.5 mL pH 为 8.2 的 Tris-HCl 缓冲溶液和 1 mL 不同浓度的各试样液，其中维生素 C 标准液和金花茶单体溶液的浓度依次为 0.01 mg/mL、0.03 mg/mL、0.05 mg/mL、0.1 mg/mL、0.3 mg/mL）。置于 25℃水浴中保温 25 min 后加入 25℃预热的 0.3 mL 浓度为 3 mmol/L 的邻苯三酚启动反应，在 30 s 内加入 5 mL 蒸馏水，在 25℃水浴中准确反应 4 min，立即滴加 0.5 mL 浓度为 8 mol/L HCl 终止反应。在 325 nm 波长处测定吸光度。

设置对照管，对照管以缓冲溶液调零，加药管分别以相同浓度样品液调零，实验重复 2 次，按下式计算超氧阴离子的清除率（IC_{50}）：

$$IC_{50}=\frac{A_{对照}-A_{加药}-A_{空}}{A_{对照}}\times 100\% \tag{6-1}$$

DPPH· 是一种人工合成的自由基。其在 517 nm 有强烈的吸收峰，其乙醇水溶液呈深紫色，加入受试物后，可以通过测定在同一时间内不同浓度抗氧化剂对 DPPH· 吸光度的影响，来判断其抗氧化能力。

取不同浓度的各试样液 4 mL 于试管中（其中维生素 C 标准液和金花茶

单体溶液的浓度依次为 0.01 mg/mL、0.05 mg/mL、0.25 mg/mL、0.5 mg/mL、1.0 mg/mL），再加入 4 mL DPPH· 的乙醇溶液（DPPH· 浓度为 200 μmol/L），混合均匀，避光保存 0.5 h 后用分光光度计在 517 nm 处测定其吸光度 A_1；同时测 4 mL DPPH· 溶液 +4 mL 乙醇混合后的吸光度 $A_{对照}$和 4 mL 提取液＋ 4 mL 乙醇混合后的吸光度 $A_{样品空白}$，实验重复 2 次，按下式计算各试样对 DPPH· 的清除率（IC_{50}）：

$$IC_{50}=\frac{A_{对照}-A_1-A_{样品空白}}{A_0}\times 100\% \tag{6-2}$$

综上所述，对分离纯化后所有金花茶活性单体分别开展深入的抗氧化（清除自由基能力）等药理活性筛选研究，力争发现 2 ～ 3 个新骨架化合物并筛选出 1 ～ 2 个抗氧化活性突出，以及发现具有一定丰度的金花茶单体化合物；深入阐明金花茶抗氧化作用机理，并总结金花茶活性单体清除各类自由基效果的构效关系规律，为合理开发利用岭南特色金花茶资源和当前清除自由基和创新药物先导物的发现提供重要依据。

6.1　金花茶花朵总皂苷体外抗氧化实验研究

皂苷是广泛存在于植物界和某些海洋生物中的一种特殊苷类。皂苷是苷元为三萜或螺旋甾烷类化合物的一类糖苷，许多中草药如金花茶、人参、志远、桔梗、甘草、知母和柴胡等的有效成分都含有皂苷。

随着消费者对食品添加剂安全意识的提高，具有安全性高、抗氧化能力强、无副作用防腐保鲜等特点的天然食品抗氧化剂日益受到重视，所以寻找天然无毒的抗氧化剂是一件任重而道远的工作。目前，虽然有多种生物的、化学的鉴别天然抗氧化剂的抗氧化活性的方法，但尚未形成一种标准方法。目前常用的方法主要基于两类：一是通过测定样品抑制脂类物质氧化的能力来评定被测物的抗氧化能力；二是用样品对人工生成的自由基的清除能力来反映待测物的抗氧化活性。

由图 6-1 可以看出，金花茶总皂苷和维生素 C 对羟基自由基的清除率与浓度呈正相关关系，有剂量依赖性，清除率随浓度的增大而提升。在 0.25 ～ 1.5 mg/mL 的浓度内，金花茶总皂苷的清除率稍低于维生素 C 标准品的清除率，当浓度到了 1.5 mg/mL 时两者清除率达到了峰值。可以证明，金花茶总皂苷对羟基自由基有较好的清除能力，且浓度在 1.5 mg/mL 时清除率最高，达到 100%。同时，金花茶总皂苷浓度在 0.5 ～ 1.0 mg/mL 时线性良好，IC_{50} 为 0.73 mg/mL。

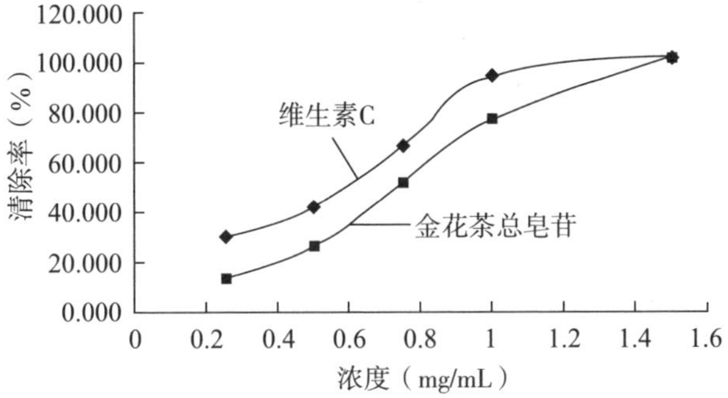

图 6-1　金花茶总皂苷对羟基自由基（·OH）的清除能力

以吸光度 A 值为纵坐标、DPPH· 浓度为横坐标制作标准曲线便可得到 DPPH· 浓度与吸光度 A 值的线性回归方程为 y=0.007 0x+0.025 6，R^2=0.999 8（y：吸光度；x：DPPH· 浓度），线性范围为 40 ～ 200 μmol/mL。

由图 6-2 可以看出，维生素 C 标准品与金花茶总皂苷对 DPPH· 的清除率随浓度的增加而提高，金花皂苷对 DPPH· 的清除率与浓度基本上呈线性关系，并且通过计算可以证明，在较低浓度下金花茶总皂苷对 DPPH· 已有较强的清除能力。由图 6-2 可知，浓度为 0.01 ～ 0.25 mg/mL 时，金花茶皂苷清除率线性良好，可算出 IC_{50} 为 0.05 mg/mL 左右。

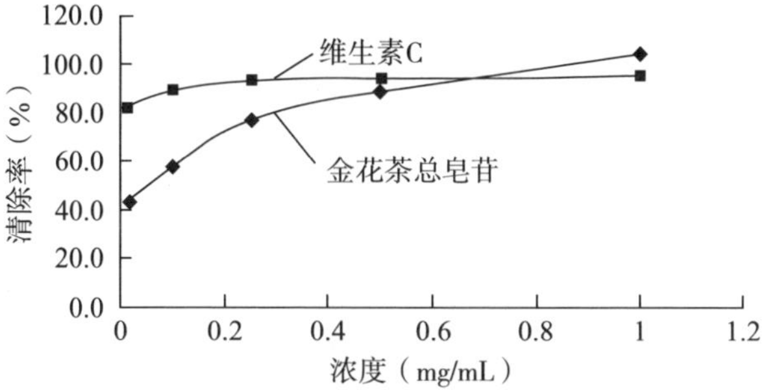

图 6-2　金花茶总皂苷对 DPPH·清除率

由图 6-3 可以看出，金花茶总皂苷、维生素 C 对邻苯三酚超氧离子有一定的清除能力，并且清除能力随着浓度的增大而提升。在相同浓度下，当浓度低于 0.1 mg/mL 时，金花茶总皂苷的清除能力比维生素 C 强，而当浓度大于 0.1 mg/mL 时，维生素 C 对邻苯三酚超氧离子的清除率高于金花茶总皂苷。金花茶皂苷 IC_{50} 为 0.25 mg/mL 左右。

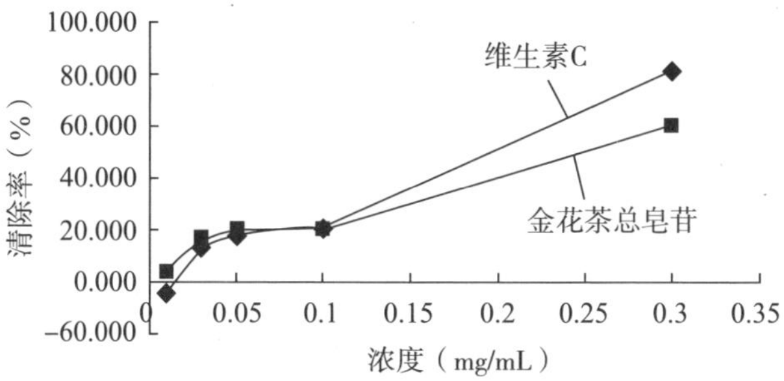

图 6-3　金花茶总皂苷对邻苯三酚超氧离子清除率

以吸光度 A 值为纵坐标、亚硝酸钠浓度为横坐标制作标准曲线便可得到亚硝酸钠浓度与吸光度 A 值的线性回归方程为 y=0.504 1x+0.001 2，R^2=0.991 4（y：吸光度；x：亚硝酸钠浓度），线性范围为 0.06 ～ 0.63 μg/mL。

由图 6-4 可以看出，维生素 C 与金花茶总皂苷对亚硝酸根的清除率随浓度的增大而升高。当金花茶总皂苷浓度小于 1 mg/mL 时，其清除效果强于维生素 C，且浓度大于 1 mg/mL 时，清除率达到了 53.6% 以上，但之后上升缓慢。金花茶皂苷浓度在 0.10 mg/mL 到 1.00 mg/mL 时线性良好，可算出 IC_{50} 为 0.85 左右。由图 6-4 可以看出，金花茶总皂苷对亚硝酸钠的清除能力有限。

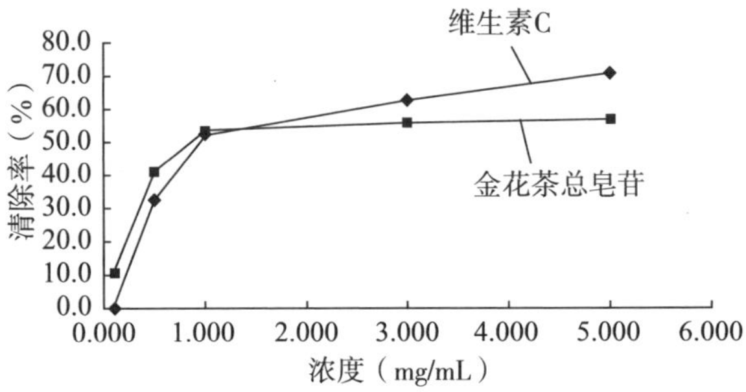

图 6-4　金花茶总皂苷对亚硝酸根清除率

由图 6-5 可以看出，维生素 C 与金花茶总皂苷具有良好的还原能力，是良好的电子供应者，其供应的电子除可以使 Fe^{3+} 还原成 Fe^{2+} 外，还可以与自由基结合为较惰性的物质，以中断自氧化连锁反应。本部分工作还以维生素 C 为对照品对金花茶总皂苷乙醇提取物进行 5 种抗氧化实验，研究表明，金花茶总皂苷具有良好的抗氧化能力，是一种天然的自由基清除剂，具有广阔的应用前景，可作为日常食品、日化品的抗氧化剂，具有保健和药理功效，具有更深一步的研究与开发意义。

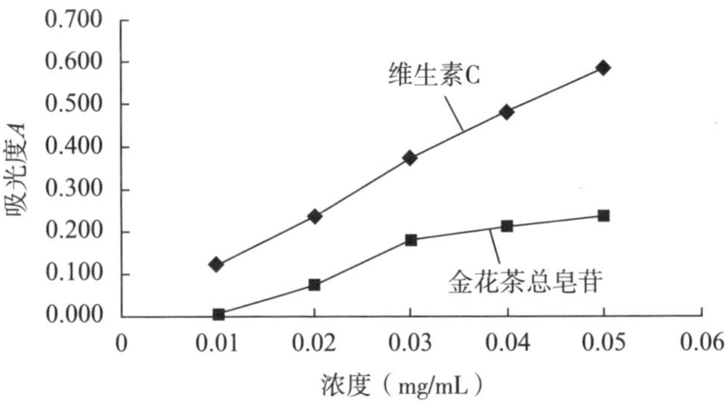

图 6-5　维生素 C 与金花茶总皂苷的还原能力对比图

6.2 金花茶抗氧化冲剂的开发

本部分工作通过气相色谱 GC-MS 分析金花茶的活性成分，可从金花茶花、叶的总离子图中观察到金花茶叶有 33 种活性成分，金花茶花中有 60 种活性成分，与 Nist 谱库匹配分析出金花茶富含醇和酚类物质，还包括酯类、有机酸类等，其中儿茶酚、天然维生素 E 等有效成分具有清除自由基的能力，因此金花茶可作为纯天然抗氧化冲剂的良好原料。本节利用大孔树脂对金花茶中提取的茶多酚成分进行分离和纯化，探索最优化配方工艺，制备金花茶抗氧化冲剂。同时，本节对所制备的金花茶抗氧化冲剂抗氧化能力开展验证试验，分别考察其对羟基自由基（·OH）、DPPH·有机自由基和超氧阴离子（O_2^-·）的清除能力。

目前，市场上已经开发出金花茶各类产品。具有保健功能的金花茶保健食品越来越被消费者青睐，且市场对快捷、方便的金花茶保健产品需求越来越大。随着近年来食品科技的不断进步，融入了新科技的、方便型的保健食品逐渐成为主流。冲剂具有剂量准确、体积小、便于携带、食用方便等特点，符合现代人对保健品的需求。市面上有各种中药冲剂，如西洋参冲剂、小柴胡冲剂、夏桑菊冲剂等，但甚少见金花茶冲剂的相关报道。本书通过对防城港金花茶的叶和花中有效物质的提取和分离纯化，得到纯度高、无溶剂残留、符合食品或医药产品规范的金花茶抗氧化冲剂。该冲剂口感酸甜适中、老少皆宜、携带方便、可方便不同人群饮用，是一种抗氧化保健价值较高的纯天然冲剂，符合当前食品安全及健康养生理念。同时，该冲剂具有较好的产业应用前景，进一步提高了金花茶附加值。

开发金花茶天然抗氧化食品或药品具有重要社会意义。金花茶抗氧化冲剂的工艺流程图如图 6-6 所示。

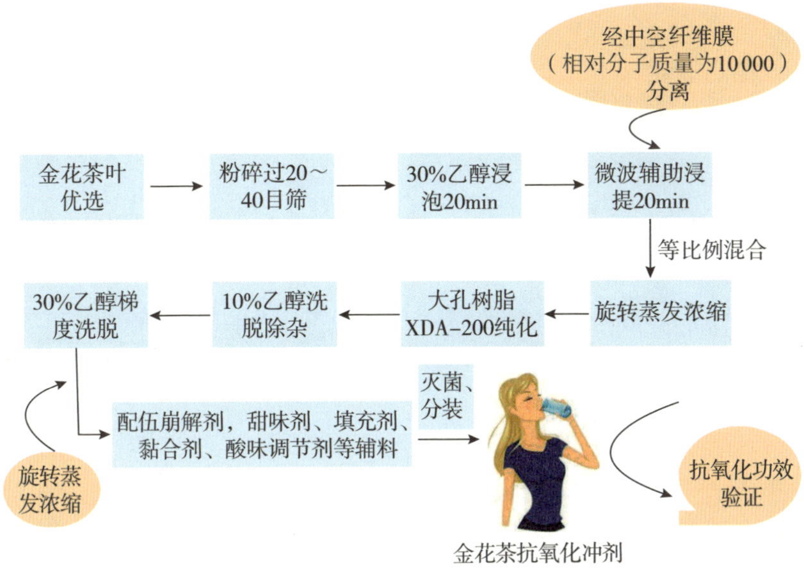

图 6-6　金花茶抗氧化冲剂的工艺流程图

6.2.1　金花茶结构分析

笔者分别对金花茶的花朵、花粉和叶子的结构形态进行扫描电子显微镜测试，结果如图 6-7、图 6-8 所示。

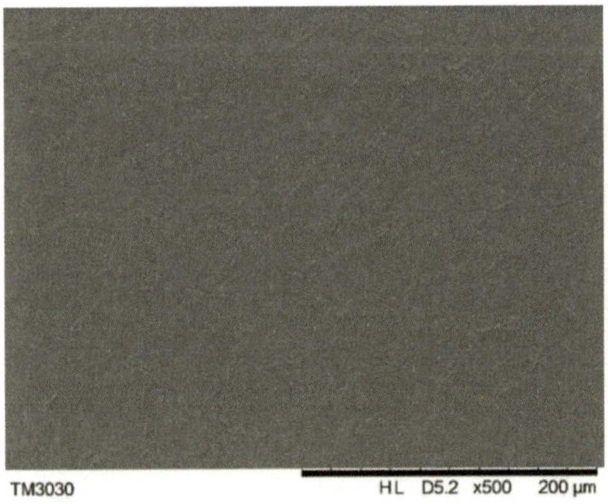

（a）金花茶花朵 1

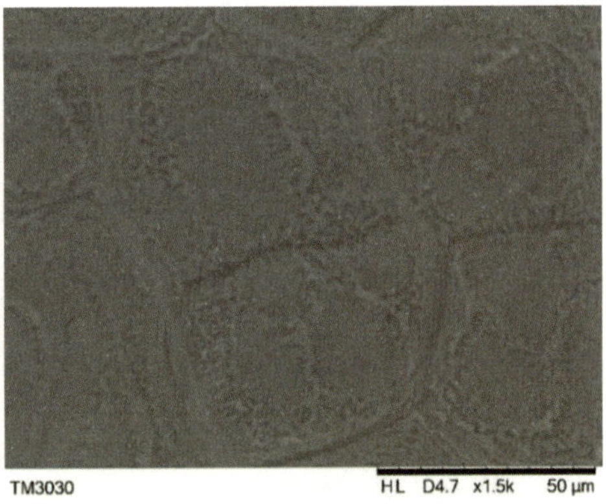

（b）金花茶花朵 2

图 6-7　金花茶的花朵的扫描电子显微镜图

（a）金花茶花粉 1

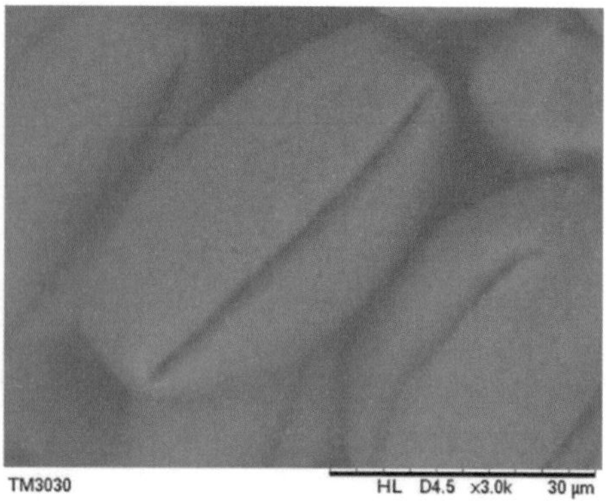

（b）金花茶花粉 2

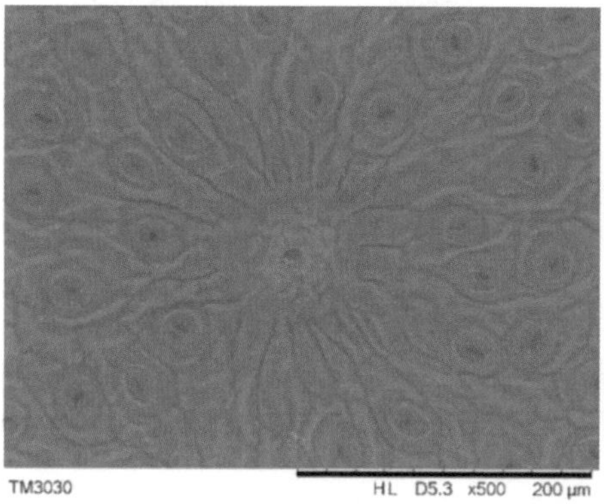

（c）金花茶叶子 1

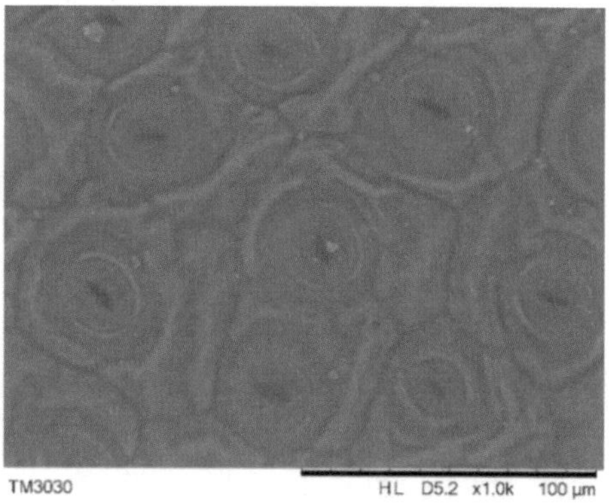

（d）金花茶叶子 2

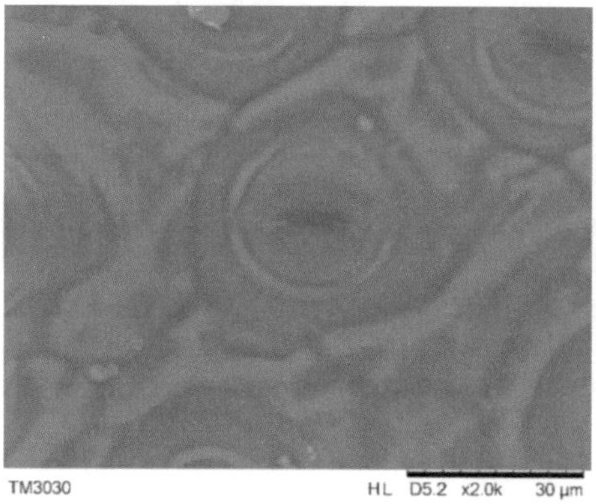

（e）金花茶叶子 3

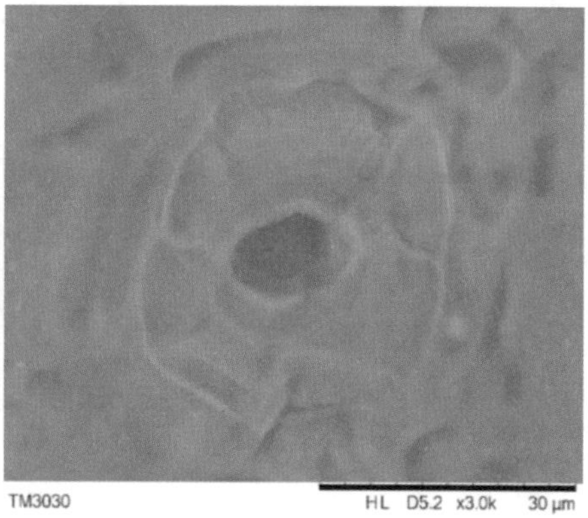

（f）金花茶叶子 4

图 6-8　金花茶的花粉、叶子的扫描电子显微镜图

由图 6-7 可以观察到花朵的细胞呈长圆形，棱角圆滑，排列紧密呈网状，外侧由较粗的条纹状连接，内侧为较细的条纹状无规则地排列。由图 6-8（a）、（b）可以看出花粉的形态一般呈长球形，少数从不同角度观察可看到近似呈三角形，有明显的孔沟，沟均为细长形，有些张开呈梭状，外壁饰纹为穴状饰纹。由图 6-8（c）、（d）可以看出金花茶叶子的气孔都分布在叶下表皮，每一片小区域都是由中心气孔从圆心向外延伸，像孔雀开屏状，外缘角质膜呈细条纹状，在气孔周围，无规则地连接着中心气孔以及包围在中心气孔周围的气孔。由图 6-8（e）可以看出，角质膜呈条纹状同时有些许的颗粒感。气孔由两个像月牙的细胞构成，气孔大多数呈椭圆形，表面平滑。由此可知，花朵和叶子都基本符合相关资料记载。综合上述的微观结构分析可知，花朵和叶子的组织结构比较紧密，细胞多呈类球状，能承受较大程度上的物理研磨，且其饰纹结构单一，表面一般较光滑，在一定程度上会削弱外力的作用，因此仅靠机械研磨来使其内容物溶于提取剂的方法是不够理想的。先经过多功能粉碎机研磨后再用超声波萃取，能在一定程度上使其内容物更易溶于提取剂中。

6.2.2　金花茶活性成分的 GC-MS 分析结果

笔者利用上述实验方法对金花茶活性成分进行 GC-MS 分析，通过人工图谱解析与 Nist 谱图库检索，来确定活性成分的种类。同时，使用面积归一化法确定活性成分的含量，得出匹配率最高的化学成分及各成分的相对质量分数。

活性成分的提取方法如下：将金花茶的叶子经多功能粉碎机粉碎后，按料液比为 1 ∶ 3 加入甲醇，超声处理 3 h，超声波的频率为 80 W，超声后过滤得到甲醇提取液，将甲醇提取液于旋转蒸发仪中蒸发浓缩，最后将实验所提取的浓缩液置于真空干燥箱中干燥 12 h，温度设置为 40℃，得到金花茶叶子的活性成分的提取物。金花茶的花朵也用同样的方法处理。

图 6-9 为在上述条件下得出的金花茶叶子 GC-MS 分析的总离子图，共检测出 33 种活性成分，其中可与 Nist 谱库匹配识别的活性物质有 3- 甲基戊烷、异戊酸、N- 甲基吡咯烷酮、邻苯二酚、4- 乙烯基 -2- 甲氧基苯酚、2,4- 二甲氧基苄醇、十五烷酸、4- 异丁基苯酚、1,1′- 联 -2- 萘酚、4- 甲基儿茶酚、天

然维生素 E、虾青素，如表 6-1 所示。

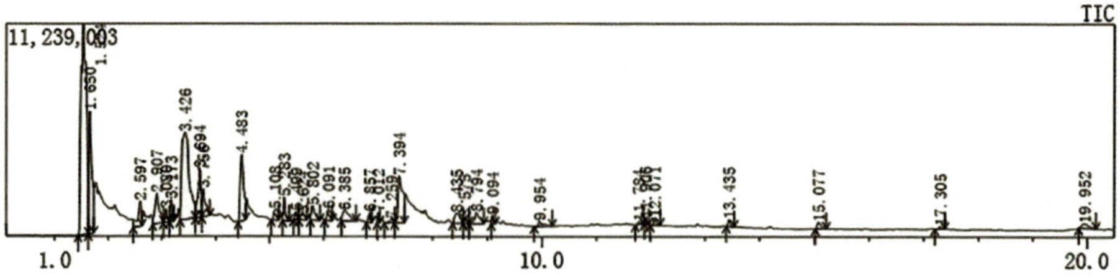

图 6-9　金花茶叶子 GC-MS 分析总离子图

表6-1　采用 GC-MS 技术检出的金花茶叶子活性成分

序号	保留时间(min)	化合物名称（CAS 号）	相对质量分数(%)
1	1.650	3- 甲基戊烷（96-14-0）	9.75
2	2.597	异戊酸（503-74-2）	2.36
3	3.426	N- 甲基吡咯烷酮（872-50-4）	17.05
4	4.483	邻苯二酚（120-80-9）	6.33
5	5.108	4- 甲基儿茶酚（452-86-8）	1.17
6	5.283	4- 乙烯基 -2- 甲氧基苯酚（7786-61-0）	1.02
7	8.794	2, 4- 二甲氧基苄醇（7314-44-5）	1.53
8	9.092	十五烷酸（1002-84-2）	0.35
9	11.784	4- 异丁基苯酚（4167-74-2）	0.21
10	11.906	1, 1′- 联 -2- 萘酚（602-09-5）	0.16
11	15.077	天然维生素 E（59-02-9）	0.61
12	17.305	虾青素（471-61-7）	0.18

金花茶花朵中共检测出 60 种活性物质，其中可与 Nist 谱库匹配识别的活性物质有糠醇、缩水甘油、甲基呋喃醛、苯酚、S-（-）- 柠檬烯、环丁烷、

甲基草甘膦、3- 辛炔 -1- 醇、2,3- 二氢 -3,5- 二羟基 -6- 甲基 -4H- 吡喃 -4- 酮、3- 甲基 -2,3,4,5- 四氢 -2,4- 呋喃二酮、（S）-（+）- 柠苹酸、丁酸辛酯、1,6- 脱水吡喃葡萄糖、对羟基苯甲酸、月桂酸、十五烷酮、邻苯二甲酸二异丁酯、反式 -2- 十二烯酸、十二烷二醇、正十五酸、顺式 - 十八碳烯酸、反油酸乙酯、豆固醇（表 6-2）。

表6-2　采用 GC-MS 技术检出的金花茶花朵活性成分

序号	保留时间(min)	化合物名称（CAS 号）	相对质量分数(%)
1	3.179	糠醇（98-0-0）	0.73
2	4.118	缩水甘油（556-52-5）	0.37
3	4.421	甲基呋喃醛（620-02-0）	0.17
4	4.790	苯酚（108-95-2）	0.12
5	5.190	S-（-）- 柠檬烯（5989-54-8）	0.36
6	5.279	环丁烷（19465-02-2）	0.15
7	6.201	甲基草甘膦（24569-83-3）	0.57
8	6.397	3- 辛炔 -1- 醇（14916-80-4）	0.32
9	6.928	2, 3- 二氢 -3，5- 二羟基 -6_ 甲基 -4H- 吡喃 -4- 酮（28564-83-2）	5.85
10	8.304	3- 甲基 -2，3，4，5- 四氢 -2，4- 呋喃二酮（1192-51-4）	0.14
11	9.857	（S）-（+）- 柠苹酸（6236-09-5）	0.19
12	10.476	丁酸辛酯（110-39-4）	0.18
13	11.771	1, 6- 脱水吡喃葡萄糖（498-07-7）	1.88
14	11.877	对羟基苯甲酸（99-96-7）	4.20
15	12.319	月桂酸（143-07-7）	0.55

续 表

序号	保留时间(min)	化合物名称（CAS 号）	相对质量分数(%)
16	15.347	十五烷酮（502-69-2）	0.45
17	15.640	邻苯二甲酸二异丁酯（84-69-5）	0.53
18	15.944	反式 -2- 十二烯酸（32466-54-9）	1.40
19	16.183	十二烷二醇（1119-87-5）	0.88
20	16.544	正十五酸（1002-84-2）	1.81
21	18.211	顺式 - 十八碳烯酸（506-17-2）	2.82
22	18.419	反油酸乙酯（6114-18-7）	0.86
23	28.278	豆固醇（83-47-7）	1.03

由上述的图表可知，金花茶含有许多的多糖类、醇类、酯类、有机酸类、酚类、醛类物质。例如，邻苯二酚可用于合成具有抗菌防腐功能的物质；天然维生素 E 能起到清除自由基的作用，是优良的抗氧化冲剂的原料。因此，提取金花茶中的有效成分来制得抗氧化冲剂是一种有效的方法。

6.2.3 抗氧化活性试验

6.2.3.1 没食子酸标准曲线的绘制

没食子酸的浓度与吸光度的对应关系如表 6-3 所示。笔者以吸光度为纵坐标、没食子酸的浓度为横坐标制作标准曲线，得到的没食子酸浓度与吸光度的线性回归方程是 y=0.013 1x+0.011（y：吸光度；x：没食子酸浓度）。没食子酸标准曲线如图 6-10 所示。

表 6-3 没食子酸工作曲线吸光度

没食子酸浓度(mg/mL)	0	10	20	30	40	50
吸光度	0.14	0.28	0.40	0.53	0.65	0.68

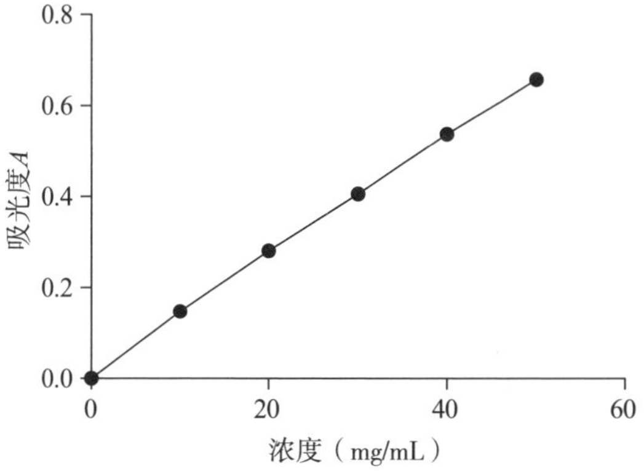

图 6-10　没食子酸标准曲线

6.2.3.2　对羟基自由基的清除能力

抗坏血酸溶液和金花茶茶多酚提纯液对羟基自由基的清除率与溶液的浓度的关系如图 6-11 所示。由图 6-11 可以看出，二者的浓度与对羟基自由基的清除率呈正相关关系，清除率会随着浓度的增大而升高。图中显示的金花茶茶多酚提纯液浓度的清除率稍低于抗坏血酸溶液的清除率，且金花茶茶多酚提纯液浓度在 0.5 ～ 1.0 mg/mL 时呈现线性。当浓度到了 1.5 mg/mL 时，两者对羟基自由基的清除率达到了峰值。因此，金花茶抗氧化冲剂对羟基自由基有较好的清除能力，且浓度在 1.5 mg/mL 时清除率最高，达 62.52%。

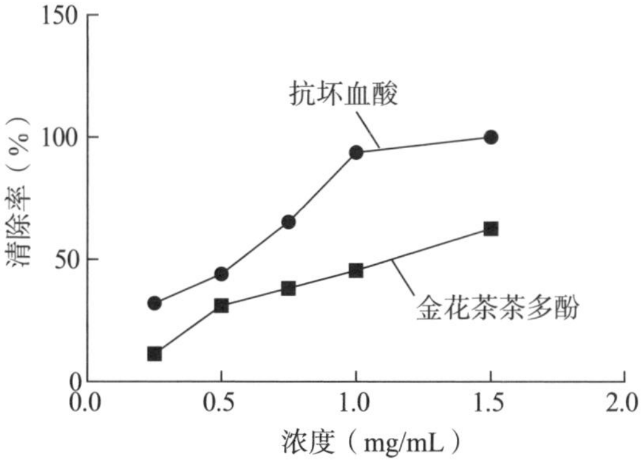

图 6-11　抗坏血酸溶液和金花茶茶多酚提纯液对羟基自由基的清除率与溶液的浓度的关系

6.2.3.3　对 DPPH·自由基的清除能力

金花茶茶多酚提纯液和抗坏血酸溶液对 DPPH·自由基的清除率与二者浓度的关系如图 6-12 所示。由图 6-12 可以看出，随着抗坏血酸浓度的提高，金花茶茶多酚提纯液对 DPPH·自由基的清除率不断提高，并且通过计算，得出金花茶茶多酚提纯液在较低浓度下对 DPPH·自由基有较强的清除能力。当金花茶茶多酚提纯液的浓度为 1.0 mg/mL 时，金花茶茶多酚提纯液对 DPPH·自由基的清除率达到最高，超过 80%。

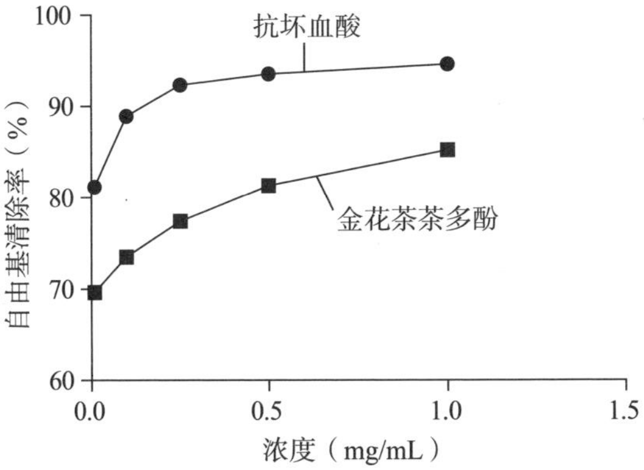

图 6-12　金花茶茶多酚提纯液和抗坏血酸溶液对 DPPH·自由基的清除率与二者浓度的关系

6.2.3.4　对超氧阴离子自由基的清除能力

金花茶茶多酚提纯液和抗坏血酸溶液对超氧阴离子自由基的清除率与二者浓度的关系如图 6-13 所示。由图 6-13 可以看出，金花茶茶多酚提纯液和抗坏血酸溶液在一定程度上有清除超氧阴离子自由基的能力，且随着它们浓度的增加，对自由基的清除能力也随之提升。在相同浓度下，当浓度低于 0.1 mg/mL 时，金花茶茶多酚提纯液的清除率比抗坏血酸溶液的清除率强，而当浓度大于 0.1 mg/mL 时，抗坏血酸对超氧阴离子的清除率高于金花茶茶多酚提纯液。两者在浓度高于 0.1 mg/mL 后，清除能力都随浓度的增大而大幅度增强。因此可证明，金花茶茶多酚提纯液对超氧阴离子有一定的清除能力，且清除效果良好。

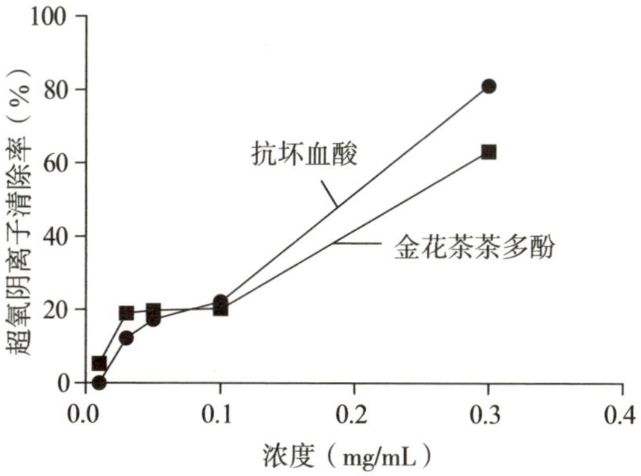

图 6-13　金花茶茶多酚提纯液和抗坏血酸溶液对超氧阴离子自由基的清除率与二者浓度的关系

下面对上述几种实验结果进行汇总，如表 6-4—表 6-8 所示。

表6-4　不同浓度金花茶茶多酚提纯液溶液对羟基自由基的清除率

金花茶茶多酚提纯液浓度（μg·mL^{-1}）	A_x	A_{x0}	A_0	清除率（%）
0.25	0.623	0.065	0.631	11.52
0.50	0.519	0.085	—	31.23
0.75	0.534	0.144	—	38.26
1.00	0.455	0.112	—	45.59
1.50	0.458	0.221	—	62.52

注：A_x 为添加相同量的羟基自由基和一定浓度梯度的抗坏血酸（金花茶茶多酚）测试样的吸光度；A_{x0} 为只加金花茶茶多酚测试样的吸光度；A_0 为只加羟基自由基测试样的吸光度。

表6-5　不同浓度抗坏血酸溶液对DPPH·自由基的清除率

抗坏血酸浓度（μg·mL^{-1}）	A_x	A_{x0}	A_0	清除率（%）
0.01	0.085	0.04	0.237	81.2
0.10	0.069	0.043	—	88.9
0.25	0.062	0.044	—	92.3
0.50	0.055	0.04	—	93.5
1.00	0.052	0.039	—	94.6

表6-6　不同浓度金花茶茶多酚提纯液溶液对DPPH·自由基的清除率

金花茶茶多酚浓度（μg·mL^{-1}）	A_x	A_{x0}	A_0	清除率(%)
0.01	0.124	0.052	0.237	69.64
0.10	0.121	0.058	—	73.53
0.25	0.113	0.06	—	77.43
0.50	0.115	0.071	—	81.32
1.00	0.112	0.077	—	85.22

注：A_x为添加相同量的DPPH·自由基和一定浓度梯度的抗坏血酸（金花茶茶多酚）测试样的吸光度；A_{x0}为添加金花茶茶多酚测试样的吸光度；A_0为添加DPPH·自由基测试样的吸光度。

表6-7　不同浓度抗坏血酸溶液对超氧阴离子的清除率

抗坏血酸浓度（μg·mL^{-1}）	A_x	A_{x0}	A_0	清除率（%）
0.01	0.586	0.041	0.545	0
0.03	0.521	0.042	—	12.2
0.05	0.491	0.04	—	17.3
0.10	0.464	0.041	—	22.3
0.30	0.141	0.039	—	81.2

表6-8　不同浓度金花茶茶多酚溶液对超氧阴离子的清除率

金花茶茶多酚浓度(μg·mL^{-1})	A_x	A_{x0}	A_0	清除率(%)
0.01	0.572	0.056	0.545	5.3
0.03	0.504	0.063	—	19.0
0.05	0.512	0.075	—	19.8
0.10	0.522	0.088	—	20.3
0.30	0.214	0.013	—	63.2

注：A_x为添加相同量的超氧阴离子和一定浓度梯度的抗坏血酸（金花茶茶多酚）测试样的吸光度；A_{x0}为添加金花茶茶多酚测试样的吸光度；A_0是添加超氧阴离子测试样的吸光度。

第 7 章　金花茶降脂、降糖制剂开发研究

笔者对分离纯化后所有金花茶活性单体分别开展深入的病毒、降血脂等药理活性筛选研究，力争发现 2 ～ 3 个新骨架化合物，筛选出 1 ～ 2 个抗病毒活性突出、1 ～ 2 个降血脂活性突出，以及找出具有一定丰度的金花茶单体化合物；深入阐明金花茶抗病毒或降血脂作用机理，并总结金花茶活性单体抗病毒和降血脂的构效关系规律，为合理开发利用岭南特色金花茶资源和当前抗病毒和降血脂创新药物先导物的发现提供重要依据。

代表性技术设计如下：按本课题组前期工作及文献方法配制高脂饲料，并进行高血脂小鼠造模。造模后，小鼠经实验室适应性喂养 1 周，随即分为 5 组：空白对照组、西药（洛伐他汀）对照组、分离纯化后的金花茶活性单体制成的片剂低剂量组、中剂量组、高剂量组，每组 10 只，雌雄各半。空白对照组喂基础饲料；西药对照组除喂基础饲料外，每天下午 2 点灌胃 1 片洛伐他汀片（20 mg/ 片，捣烂用水冲服）；分离纯化后的金花茶活性单体低剂量组、中剂量组、高剂量组除喂基础饲料外，每天下午 2 点灌胃分离纯化后的金花茶活性单体片（50 mg / 片，捣烂用水冲服，低剂量组每天四分之一片，中剂量组每天半片，高剂量组每天一片）。所有实验组均可自由饮水，这种喂养模式持续 2 周。血脂测定前禁食不禁水 12 h，断头取血，37 ℃温水水浴 1 h，3 500 r/min 离心 15 min，分离血清，由总胆固醇、甘油三酯、低密度脂蛋白胆固醇测定试剂盒测定各组实验小鼠血清中脂质情况。

7.1 典型金花茶降脂降糖制剂制备技术研究

7.1.1 实验背景

现有文献或专利大多涉及金花茶降脂、降糖药理学研究，或笼统地对金花茶水提液或醇提液降脂或降糖功效进行研究，较少涉及对实际药物剂型或保健品剂型的开发制备等应用领域。上述工作仅开展了降脂或降糖功效研究，未能充分发挥金花茶中实际降脂或降糖活性成分的最佳临床或保健功效。实际上，金花茶中发挥降脂、降糖功效的仅为其活性成分中一种或数种关键组分，其他均对降脂、降糖不起作用，甚至可能会干扰疗效或保健功效。例如，金花茶中其他成分如皂苷、香草醛、紫罗兰酮、叶绿醇、α-菠菜甾醇、十八醛、1，2-环氧十八烷、豆蔻酸、α-香素精、β-香树素等可能对金花茶降脂、降糖功效有较大影响，在实际药物制剂开发中，很有必要将最主要的降脂、降糖活性组分各自分离，并按照实际降脂、降糖临床要求进行配伍，制备各类金花茶降脂、降糖制剂。

7.1.2 实验概况

本部分工作涉及金花茶降脂、降糖丸剂、片剂、颗粒剂、胶囊剂等制备技术，具体通过将金花茶中茶多糖、茶多酚、黄酮等降脂、降糖活性成分分别分离纯化，并在保持最优化药效配伍比例基础上进一步与聚乙二醇、羟丙基甲基纤维素、聚乙烯吡咯烷酮、枸橼酸三酯等药物辅料混合，制备包括缓释、控释制剂在内的各种丸剂、片剂、颗粒剂、胶囊剂等，提高金花茶降脂降糖药效，减少给药频率，排除杂质组分对药效或保健功效的影响，增强金花茶降脂降糖活性成分的人体相对生物利用度及安全性，提高患者的顺应性。

本部分工作研制了一种金花茶降脂、降糖制剂，主要解决了金花茶降脂、降糖活性成分利用率低，以及干扰成分影响临床或保健疗效等问题。本部分工作按照最优化临床药效或保健功效设计配伍的药物混合物与十八醇、聚乙二醇、聚乙烯吡咯烷酮、聚乙烯醇、乳糖、海藻酸钠、甘露醇、山梨醇、左旋糖苷、右旋糖酐、蔗糖、泊洛沙姆、枸橼酸、酒石酸、琥珀酸、尿素、聚氧乙烯、硬脂酸、单硬脂酸甘油酯、硬脂醇、氢化植物油、胆固醇硬脂酸酯、羧甲基纤维素钠、交联羧甲基纤维素钠、羟丙基甲基纤维素、羟丙基纤维素、交联聚乙烯吡咯烷酮、羟丙甲纤维素酞酸酯、醋酸羟丙基甲基纤维素琥珀酸酯、海藻酸钠、多库酯钠、月桂基硫酸钠、山嵛酸甘油酯、枸橼酸三乙酯、三乙酸甘油酯、乙基纤维素、陶氏 Polyox 水溶性树脂、卡波浦、十八醇、十六醇、瓜耳胶、壳聚糖、聚甲基丙烯酸甲酯、巴西棕榈蜡、Kollicoat SR 30D 游离膜中的一种或任意组合几种作为药物辅料，将茶多糖、茶多酚、黄酮等金花茶降脂、降糖活性成分制成药物制剂，提高金花茶降脂、降糖活性成分的利用率，减少给药次数，排除干扰杂质成分对临床或保健疗效的影响。

本部分工作所述金花茶降脂、降糖制剂包括金花茶降脂制剂（主要成分为茶多糖）、金花茶降糖制剂（主要成分为茶多酚和黄酮物质，任意比例）、金花茶降脂降糖制剂（主要成分为茶多糖、茶多酚或黄酮物质，比例为 0.1 ∶ 0.1 ～ 1.5 ∶ 0 ～ 1.5）等，其他成分为亲水凝胶骨架材料、溶蚀骨架材料（蜡脂类骨架材料）、不溶性骨架材料等，任意的组合比例为 0.1 ∶ 0.15 ∶ 9。其中，加入的亲水凝胶骨架材料为羧甲基纤维素钠、羟丙基甲基纤维素、海藻酸钠、多库酯钠、瓜耳胶、壳聚糖、聚乙烯醇、卡波浦、陶氏 Polyox 水溶性树脂或其中任意的组合；溶蚀骨架材料（蜡脂类骨架材料）为十八醇、十六醇、山嵛酸甘油酯、硬脂酸、单硬脂酸甘油酯、胆固醇硬脂酸酯、巴西棕榈蜡、羟丙甲纤维素酞酸酯、羟丙基纤维素、交联聚乙烯吡咯烷酮、醋酸羟丙基甲基纤维素琥珀酸酯、聚甲基丙烯酸甲酯、枸橼酸三乙酯、三乙酸甘油酯、硬脂醇或其中任意组合；不溶性骨架材料为丙烯酸树脂、聚甲基丙烯酸甲酯、乙基纤维素或其中的任意组合。优选的亲水凝胶骨架材料为羟丙基甲基纤维素、海藻酸钠、聚乙烯醇、陶氏 Polyox 水溶性树脂或其中任意的组合；优选的溶蚀骨架材料（蜡脂类骨架材料）为十八醇、单硬脂酸甘油酯、巴西棕榈蜡、枸橼酸三乙酯、硬脂醇或其中任意组合；优选的不溶性骨架材料为丙烯酸树脂、乙基纤维素或其中的任意组合，优选的缓释制剂上述任意组合比例为 0.1 ： 0.15 ： 2。

该金花茶降脂降糖制剂可以与乳糖、淀粉、聚乙烯吡咯烷酮、吐温、十二烷基硫酸钠、司盘、软磷脂、尿素、蔗糖酯、聚氧乙烯脂肪酸酯、聚氧乙烯脂肪醇醚、泊洛沙姆、碳酸氢钠、碳酸钠、碱式碳酸镁等物质任意组合，还可以按常规要求加入黏合剂、赋形剂、矫味剂、填充剂、润湿剂或润滑剂等。

7.1.3 实验工艺

本部分工作的典型工艺如下：茶多糖、茶多酚、黄酮等金花茶降脂、降糖活性成分（一种或任意比例）先采用聚乙二醇、聚乙烯吡咯烷酮、羟丙基甲基纤维素、甘露醇、乳糖尿素、聚氧乙烯－聚氧丙烯（其中单一或任意组合）等制成分散体（原料药与辅料比例为 0.1 ： 0.15 ： 1.5），提高水溶性，随后再加入羟丙基甲基纤维素、海藻酸钠等骨架材料或其他辅料制备金花茶降脂、降糖制剂，提高金花茶降脂、降糖活性成分利用率，减少给药次数，排除干扰杂质成分对临床或保健疗效的影响。

7.1.4 实验剂型

本部分工作所述金花茶降脂、降糖制剂可以是普通丸剂、颗粒剂、散剂、片剂（包括未包衣片剂、包衣片剂、多层片剂或压制包衣片剂）、胶囊剂，也可以是控释片剂（如膜控释片、渗透泵片、骨架片等），还可以是缓释片剂、缓释胶囊、缓释颗粒、缓释丸剂（膜控释微丸等）等不同剂型。

7.1.5 实验验证

本部分工作通过辅料相容性试验、漏槽条件试验、体外释放度试验证明本书的药物制剂克服了现有技术的缺陷，可以很好地适用临床。

7.1.5.1 辅料相容性试验

按照主药：辅料 =1 ： 5 的比例，采用《中华人民共和国药典》2015 年版二部附录 XIX C“原料药与药物制剂稳定性试验指导原则”中影响因素的试验方法进行试验。试验结果表明主药与优选的辅料有相容性。

7.1.5.2　漏槽条件试验

称取相当于处方中三倍量的金花茶茶多糖、茶多酚、黄酮（一种或任意组合）固体分散体投入释放介质中（释放介质为蒸馏水 900 mL，水温为 37.0℃ ±0.5℃，转速为 100 r/min）立即计时，观察溶解情况，即 25 min 时 6 个溶出杯中的金花茶茶多糖、茶多酚、黄酮（一种或任意组合）固体分散体完全溶解；并于 30 min 取样 10 mL，过滤，取滤液 2 mL 按金花茶茶多糖、茶多酚、黄酮（一种或任意组合）降脂降糖片（或胶囊或丸剂或颗粒剂等）含量测定方法检测并计算。向每个杯子中倒入 900 mL 蒸馏水，并使其水温保持在 37.0℃ ±0.5℃，相当于处方中三倍量的金花茶茶多糖、茶多酚、黄酮（一种或任意组合）固体分散体完全溶解在释放介质中，满足漏槽条件。

7.1.5.3　体外释放度试验

体外释放度试验参照《中华人民共和国药典》2010 年版二部附录中的释放度测定法进行。笔者采用溶出度第二法释放介质。取蒸馏水 900 mL 置于溶出杯中，水温为 37.0℃ ±0.5℃，转速为 100 r/min，分别于 2 h、6 h、12 h、24 h 取样，每次 10 mL，及时用 0.2 μm 的滤膜过滤并及时补充相同温度和体积的释放介质蒸馏水，对样品进行检测。精密量取滤液，置具塞试管中，待溶剂挥发，加入硫酸 - 甲醇（7 ∶ 3）溶液 1 mL，溶解并摇匀，60℃水浴加热 15 min，取出，立即置冰水浴中，加预试量的 6 mol/L 氢氧化钠溶液中和［预试量：以甲基红指示液为指示剂，中和硫酸 - 甲醇（7 ∶ 3）溶液 1 mL 所需 6 mol/L 氢氧化钠溶液的体积］，从冰水浴中取出，放至室温，用氨 - 氯化铵缓冲液（pH = 8. 0）分次转移至 25 mL 量瓶中，并稀释至刻度，摇匀。另精密称取茶多糖（或茶多酚）对照品（经五氧化二磷干燥过夜），用 70% 乙醇溶解，制成每 1 mL 含 0.4 mg 的溶液，按样品的处理方法处理。

7.1.6　具体实例

根据本部分工作的上述内容，按照本领域的一般技术和惯用手段，在不脱离本部分工作上述基本技术原则的前提下，还可做出其他多种形式的修改、替换或变更。

7.1.6.1 金花茶口服降脂片

金花茶口服降脂片的规格为 160 mg，其各成分的质量如表 7-1 所示。

表7-1 金花茶口服降脂片各成分的质量

成分	质量（mg）
茶多糖	40.0
聚乙烯吡咯烷酮	40.0
多库酯钠	9.6
交联羧甲基纤维素钠	12.0
月桂基硫酸钠	1.6
微晶纤维素	63.4
硬脂酸镁	2.4
总计	169.0

本例中，笔者将茶多糖与羟丙基甲基纤维素溶解在乙醇中，所得溶液喷雾干燥以得到纳米尺寸的固体分散体颗粒，其中约 50% 的直径为 0.8 μm 或更小，将固体分散体通过稀释剂、助流剂和部分润滑剂混合进一步加工成片剂剂型，通过压缩致密化并随后研磨，将崩解剂和剩余的润滑剂添加至研磨的颗粒中并混合，将润滑的颗粒压制成片剂。

7.1.6.2 金花茶口服降脂胶囊

金花茶口服降脂胶囊（1 000 粒量）的各成分的质量如表 7-2 所示。

表7-2 金花茶口服降脂胶囊（1000粒量）的各成分的质量

成分		质量（mg）
芯材	茶多糖	44.6
	聚乙烯吡咯烷酮（K30）	50.0
	微晶纤维素	30.0

续　表

成分		质量（mg）
包衣材料	乙基纤维素	10.0
	聚乙二醇	2.0
	蓖麻油	1.0
	枸橼酸三乙酯	1.0
	无水乙醇	适量

笔者将茶多糖与聚乙烯吡咯烷酮（K15、K17、K30、K90 等，推荐 K30）制备固体分散体，粉碎过 100 目筛，将上述固体分散体与微晶纤维素按等量递增法原则机械混匀，加入硬脂酸镁进一步混合均匀，压成微片，用上述包衣材料进行包衣，通过增重量控制其释放度，达到有效释放，再装入胶囊，茶多糖：聚乙烯吡咯烷酮（K30）=0.1 ： 0.83。

7.1.6.3　金花茶降糖压制包衣片剂

金花茶降糖压制包衣片剂的规格为 605.7 mg，其各成分的质量如表 7-3 所示。

表7-3　金花茶降糖压制包衣片剂各成分的质量

成分	质量（mg）
茶多酚	87.8
黄酮物质	80.0
微晶纤维素	278.0
交联聚乙烯吡咯烷酮	5.0
聚乙烯吡咯烷酮	10.0
羟丙基甲基纤维素	3.0
羟丙甲基纤维素邻苯二甲酸酯	21.0
硬脂酸镁	6.0
交联聚乙烯吡咯烷酮	10.0

续 表

成分	质量（mg）
聚乙烯吡咯烷酮	10.0
羟丙甲基纤维素	4.5
羟丙基纤维素	4.1
氧化钛	3.9
滑石	2.4
合计	525.7

将茶多酚与微晶纤维素和交联聚乙烯吡咯烷酮通过 35 号筛进行筛分，并在高速混合器中混合 5 min 来制备混合物，将聚乙烯吡咯烷酮溶于纯净水来制备黏合溶液（质量分数为 10%），再将该黏合溶液喷洒于其上形成颗粒，然后干燥。

向上述颗粒物中添加硬脂酸镁，然后混合 4 min，利用旋转式压片机将最终混合物压成片剂，将所得片剂作为内芯。同时，将羟丙基甲基纤维素和羟丙甲基纤维素邻苯二甲酸酯溶解并分散于 132 mg 的乙醇和 33 mg 的纯净水的混合溶液中，以制备包衣溶液，将内芯片剂在 HI-Coater 中用包衣溶液包覆以形成压制包衣片剂形式的缓释包衣内芯。

将黄酮物质、微晶纤维素、交联聚乙烯吡咯烷酮通过 35 号筛进行筛分，并在高速混合器中混合，同时将聚乙烯吡咯烷酮溶于水来制备黏合溶液。将黏合溶液与主要成分的混合物置于高速混合器中，然后进行捏合。完成捏合过程后，利用具有 20 号筛的振荡器将捏合的材料造粒，向混合物中添加硬脂酸镁，置于双锥体混合器中最终混合。

利用压制包衣压片机来制备压制包衣片剂，所述压制包衣片剂包含作为内芯的含有茶多酚的包衣片剂和作为外层的含有黄酮物质的组合物，同时将羟丙基甲基纤维素、羟丙基纤维素、氧化钛和滑石溶于并分散于 132 mg 的乙醇和 33 mg 的纯净水以制备包衣溶液，将压制的压制包衣片在 HI-coater 包衣机中以包衣溶液包覆制成金花茶降脂压制包衣片剂。

7.1.6.4　金花茶降脂降糖双相骨架型缓控释胶囊

金花茶降脂降糖双相骨架型缓控释胶囊的规格为 **429.8** mg，其各成分的质量如表 7-4 所示。

表7-4　金花茶降脂降糖双相骨架型缓控释胶囊各成分的质量

成分	质量（mg）
茶多糖	70
茶多酚	57.8
黄酮物质	40.0
微晶纤维素	125
KollicoatSR30D	25
乳糖	52
玉米淀粉	25
羧甲基纤维素钙	20
聚乙烯吡咯烷酮	7
聚乙二醇	5
硬脂酸镁	3
总计	429.8

将茶多糖与微晶纤维素用 35 号筛进行筛分，并在高速混合器中混合 5 min 来制备混合物。将 Kollicoat SR 30D 与主要成分的混合物置于高速混合器中，然后进行捏合。完成捏合过程后，利用具有 20 号筛的振荡器将捏合的材料造粒，并将颗粒在 60℃的热水干燥器中干燥，完成干燥过程后，将颗粒再次通过 20 号筛进行筛分制备缓释颗粒 I。

将茶多酚与黄酮物质的混合物、乳糖、玉米淀粉和羧甲基纤维素钙用 35 号筛进行筛分，并在高速混合器中混合，将 Kollicoat SR 30D 与主要成分的混合物置于高速混合器中混合，将聚乙烯吡咯烷酮和聚乙二醇溶于水制备黏合溶液。将黏合溶液与主要成分的混合物捏合，完成捏合过程后，利用具有 20 号筛的振荡器将捏合的材料造粒，并将颗粒在60℃的热水干燥器中干燥。完成干燥过程后，将颗粒再次用20号筛进行筛分。

将上述两个过程的最终产物置于双锥体混合器中混合，向混合物中添加硬脂酸镁，然后进行最终混合。将最终混合物置于粉末进料器中，再利用装胶囊机填充于胶囊中，从而制备金花茶降脂降糖双相骨架型缓控释片剂。金花茶降脂降糖双相骨架型缓控释胶囊的释放曲线如图7-1所示。

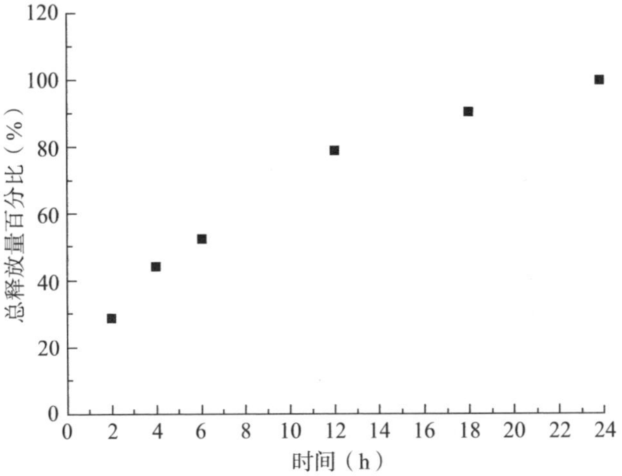

图7-1　金花茶降脂降糖双相骨架型缓控释胶囊的释放曲线

7.1.6.5　金花茶降脂降糖渗透泵片

金花茶降脂降糖渗透泵片（1 000片量）的各成分的质量如表7-5所示。

表7-5　金花茶降脂降糖渗透泵片（1 000片量）的各成分的质量

成分		质量（mg）
芯材	茶多糖	2
	茶多酚	3
	黄酮物质	1
	乳糖	60
	滑石粉	2
	5%聚乙烯吡咯烷酮80%乙醇溶液	适量

续　表

成分		质量（mg）
包衣材料	醋酸纤维素	10
	聚乙二醇	2
	枸橼酸三乙酯	1
	无水乙醇	适量

制备工艺：将茶多酚、茶多糖、黄酮物质、乳糖按等量递增法原则机械混匀，加适量黏合剂制备软材，过 18 目筛制粒，60℃干燥，整粒，加入滑石粉进一步混合均匀，混合后的粉末直接用压片机压片，用上述包衣液进行包衣，使得包衣膜厚度在一定范围，在包衣膜上打孔，制得渗透泵片，可以达到有效缓释效果。药物：乳糖 =0.1 ： 1.0。

7.2　其他代表性金花茶降脂产品的设计开发

7.2.1　金花茶降脂口服液

按《中华人民共和国药典》（2015 年版）的标准挑选金花茶，将选中的金花茶洗净，置于 40℃的烘箱中烘干 48 h，将烘干后的样品粉碎，将粉碎后的粉末过 40 目筛，之后将过筛后的粉末用乙醚浸泡 6 h 脱脂（或在 60℃下石油醚回流脱脂 2 h），用超临界二氧化碳技术萃取，得到含金花茶多糖活性成分的溶液。将该溶液减压蒸馏得到金花茶粗多糖，再将该多糖用 Sevage 法脱游离蛋白，流水透析，乙醇醇析，之后经过沉淀、抽滤、干燥，得到金花茶纯多糖粉末原料。

7.2.1.1　浸提

取金花茶多糖粉末，按汤剂的煎煮方法进行浸提，由于 1 次投料量较多，故煎煮时间每次为 1 ～ 2 h，取汁留渣，再进行煎煮，如此反复 3 次，合并汁液，滤过备用。

7.2.1.2 净化

为了减少口服液中的沉淀，将上步中的滤液用酶处理法进行净化，得到溶液 1。

7.2.1.3 浓缩

对溶液 1 再进行适当浓缩，浓缩程度一般以每日服用量在 30 ～ 60 mL 为宜。根据需要选择要添加的矫味剂（蜂蜜、单糖浆、甘草酸和甜菊苷等）和防腐剂（山梨酸、苯甲酸和丙酸等）。

7.2.1.4 分装

在分装前，在浓缩液中加入一定量的矫味剂、防腐剂，搅拌均匀后，进行粗滤、精滤，装入无菌、洁净、干燥的指形管或适宜的容器中，密封。

7.2.1.5 灭菌

分装后，采用多种灭菌法（如煮沸法、热压法等）进行灭菌，得到口服液。

7.2.1.6 相关检查

对口服液进行外观检查（包括澄明度检查）、装置差异检查、卫生学检查、定性鉴别、有效成分含量的测定、相对密度测定等，通过这些项目的检查，基本上能有效地控制口服液的质量。

7.2.2 金花茶降脂泡腾片

7.2.2.1 金花茶预处理

按《中华人民共和国药典》（2015 年版）的标准挑选金花茶，将选中的金花茶洗净，置于 40℃的烘箱中烘干 48 h。

7.2.2.2 金花茶多糖的萃取、分离、纯化

将烘干的金花茶样品在粉碎机上粉碎，制成金花茶干粉，用 40 目筛子过筛，将过筛后的金花茶干粉加入乙醚浸泡 6 h 脱脂，在自然条件下让乙醚挥发（或 60℃下石油醚回流脱脂 2 h）。应用超临界二氧化碳技术进行萃取，流体萃取压力假设为 25 ～ 40 MPa，萃取温度为 35 ～ 80℃，流体流量为

700 ～ 1 000 L/h，向萃取釜中以 0.05 ～ 0.20 L/h 的速度加入质量浓度为 60% ～ 80% 的乙醇夹带剂，萃取时间为 0.5 ～ 3.0 h，脱寡糖，然后在分离罐中以温度为 20 ～ 40℃、压力为 5 ～ 8 MPa 分离出二氧化碳，得到含金花茶多糖活性成分的溶液，减压蒸馏，蒸去夹带剂，得到金花茶粗多糖。采用较温和的 Sevage 法（氯仿：异戊醇为 3 ∶ 1，混合摇匀）脱游离蛋白。金花茶粗多糖溶液加入 Sevage 试剂后，置恒温振荡器中振荡过夜，使蛋白质充分沉淀，在 3 000 r/min 的条件下离心分离。再将除蛋白后的金花茶粗多糖溶液置于透析袋中，蒸馏水透析 48 h，每 6 ～ 8 h 更换 1 次蒸馏水，以除去小分子杂质。之后再以乙醇沉淀、抽滤、干燥即得纯化后的金花茶纯多糖粉末原料。

7.2.2.3　金花茶降脂泡腾片的制备

以所提取的金花茶纯多糖粉末为主要原料，配伍不同泡腾崩解剂、填充剂、黏合剂和润滑剂等。

（1）湿法制粒：将润滑剂、泡腾崩解剂、黏合剂分别粉碎，过 80 目筛，与金花茶纯多糖粉末原料混合均匀，经过制粒（12 目）、干燥（50℃ ±5℃）、整粒（14 目）、压片等步骤得到金花茶降脂泡腾片。

（2）湿法制粒 + 聚乙二醇包裹法：将聚乙二醇 6 000 熔融后，与泡腾崩解剂二氧化碳源混合均匀，冷却粉碎，过 80 目筛。另将泡腾崩解剂酸源过 80 目筛，与金花茶纯多糖粉末原料、聚乙二醇包裹物细粉混匀，经过制粒（12 目）、干燥（50℃ ±5℃）、整粒（14 目）、压片等步骤即得金花茶降脂泡腾片。

7.2.3　金花茶降脂咀嚼片（降脂）

7.2.3.1　原料处理

取 500 g 金花茶花朵粉碎成细粉，加入 5 倍量蒸馏水静置 1 h，加热回流 1 h，收集滤液，取滤渣加入 5 倍量水，加热回流 1 h，收集滤液，浓缩至 500 mL，此时金花茶提取液的生药量为 1 g/mL。

7.2.3.2　澄清

在生药量为 1 g/mL 的金花茶提取液中按比例加入澄清剂，静置过夜，沉淀，取滤液待用。

7.2.3.3 浸膏粉制取

将上一步所得滤液浓缩至生药量为 10 g/mL，加入淀粉，混匀，在 50℃下烘干，粉碎，过 20 目筛，制成浸膏粉。

7.2.3.4 制粒

将浸膏粉与填充剂按质量比 1 ：1 混匀，缓慢喷洒黏合剂，同时不断搅拌均匀，制成握之成团、轻压即散的软料，过 10 目筛。

7.2.3.5 干燥

将湿颗粒置于 50℃恒温烘箱中烘干 30 min，颗粒水分约为 3.0%。

7.2.3.6 整粒

颗粒干燥后过 20 目筛整粒。

7.2.3.7 压片

为使咀嚼片表面光滑不粘单冲压片机，在颗粒中加入润滑剂，混匀，用单冲压片机进行压片。

7.2.4 金花茶降脂颗粒冲剂

将经过适宜加工后的金花茶降脂活性提取物粉末装于渗透器内，浸出溶剂从渗透器上部添加，溶剂渗过金花茶层往下流动过程中浸出。进行渗透前，先将金花茶粉末放在有盖的容器内，再加入金花茶量 60% ～ 70% 的浸出溶剂均匀润湿后，密闭，放置 15 min 至数小时，使药材充分膨胀以免在渗透筒内膨胀。

取适量脱脂棉，用浸出液湿润后，轻轻垫铺在渗透筒的底部，然后将已润湿膨胀的金花茶粉分次装入渗透筒中，每次投入后均匀压平。松紧程度根据药材及浸出溶剂而定。

装完后，用滤纸或纱布将上面覆盖，并加一些玻璃珠或石块之类的重物，以防加溶剂时药粉浮起；操作时，先打开渗透筒浸出液出口的活塞，从上部缓缓加入溶剂至高出金花茶粉数厘米，加盖放置浸渍 24 ～ 48 h，使溶剂充分渗透扩散。

渗透时，溶剂渗入药材的细胞中，溶解大量的可溶性物质之后浓度增高，比重增大而向下移动，上层的浸出溶剂或较稀浸出溶媒置换其位置，造成良好的细胞壁内外浓度差。

在渗透过程中，随时补充溶剂，使金花茶中有效成分充分浸出。浸出溶剂的用量一般为 1 ∶ 4 ～ 1 ∶ 8（金花茶粉末：浸出溶剂）。最后形成稠金花茶浸膏。

将干燥的糖粉、糊精置适当容器中，再加入上述金花茶稠浸膏搅拌混匀，必要时加适量 50% ～ 90% 乙醇，调整干湿度及黏性制成手捏成团、轻压则散的软材，然后将软材加入摇摆式制粒机料斗中，借钝六角形棱状转轴作往复转动，软材挤压通过筛网（10 ～ 14 目）制成湿颗粒。

湿颗粒的标准是置于掌中簸动应有沉重感，细粉少，湿粒大小整齐无长条为宜。糖粉、糊精与金花茶稠浸膏（1.35 ～ 1.40，50 ～ 60℃）比例一般为 3 ∶ 1 ∶ 1，根据金花茶稠浸膏的比重、性质及用药物的可适当调整，应控制干颗粒含水量≤ 6.0%。

金花茶降脂颗粒为黄色的块状冲剂；味甜、微涩，具有降血脂等功效。

第 8 章　金花茶抗病毒机制及相关产品开发研究

笔者对分离纯化后的所有金花茶活性单体化合物分别开展深入的抗病毒等药理活性筛选研究，力争发现 2 ～ 3 个新骨架化合物并筛选 1 ～ 2 个抗病毒活性突出；深入阐明金花茶抗病毒作用机理，并总结金花茶活性单体作用于各类病毒的构效关系规律，为合理开发利用岭南特色金花茶资源以及当前抗病毒创新药物先导物的发现提供重要依据。

笔者参考本团队前期工作进行了金花茶抗病毒研究。具体来说，选择禽流感病毒 H5N1 滴鼻感染鸡模型资源，将一定数量的非洲绿猴肾细胞 VeroE6 接种到 96 孔板上，贴壁培养，以观察到的致细胞病变（cytopathic effect, CPE）为指标，按照 Reed-Muench 法计算金花茶单体的细胞半数中毒量（TD_{50}）细胞无毒的最大浓度（TD_{0}）、抑制细胞半数病变的有效浓度（IC_{50}）和半数组织培养感染量（$TCID_{50}$）等指标。金花茶各单体化合物用改良 Eagle 培养基 DMIM+2% 胎牛血清进行连续倍比稀释。预先制备含禽流感病毒 H5N1 的上清液，并在 −80℃冷藏。取稀释后受试金花茶单体化合物 50 μL 与 200$TCID_{50}$ 的禽流感病毒 H5N1 混合，在 37℃下二氧化碳培养箱中培养 72 h，各孔加入噻唑蓝，继续培养 4 h，吸去培养基加入 DMSO，测光密度值，计算 $TCID_{50}$。用洛匹那韦 / 利托那韦复方制剂作为抗禽流感病毒 H5N1 阳性对照药物，同时进行如上抗禽流感病毒 H5N1 试验，以期筛选出 3 ～ 5 个抗 2019 新型冠状病毒活性突出的金花茶单体化合物；通过植物化学、质谱分析、药理学、生物医学、计算机辅助设计等多学科交叉对金花茶抗 2019 新型冠状病毒作用机理做深入研究，总结金花茶活性单体作用各类病毒的构效关系规律，技术示意图如图 8-1 所示。

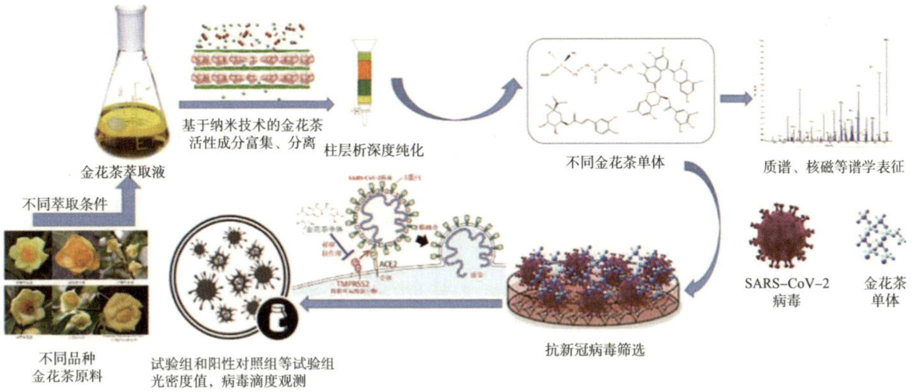

图 8-1　基于纳米技术的金花茶活性单体高效分离及抗病毒筛选技术示意图

8.1　植物源抗新型冠状病毒喷雾剂、速溶茶等系列产品快速开发及生产线建设

抗新型冠状病毒喷雾剂、速溶茶等系列产品快速开发及生产线建设已被广东省教育厅立项，如表 8-1 所示。

表 8-1　“抗新型冠状病毒喷雾剂、速溶茶等系列产品快速开发及生产线建设项目立项信息

项目编号	项目名称	项目负责人	项目单位
2020KZDZX1179	新冠肺炎疫情对广东省对东盟贸易和投资影响及对策研究	邹一峥	深圳大学
2020KZDZX1180	高效快速杀菌消毒设备的研制	程鑫	南方科技大学

续 表

项目编号	项目名称	项目负责人	项目单位
2020KZDZX1181	血型抗体 A 抗新型冠状病毒感染效果的体外初步验证	王鹏	南方科技大学
2020KZDZX1182	基于虚拟筛选技术的抗新型冠状病毒药物初步筛选	王冠宇	南方科技大学
2020KZDZX1183	发展靶向新冠状病毒核酸的高通量平行质谱检测技术与病原体筛查	栾合密	南方科技大学
2020KZDZX1184	基于新冠病毒的图谱大数据分析系统	唐博	南方科技大学
2020KZDZX1185	磁流体微流控荧光标记抗体检测技术	余鹏	南方科技大学
2020KZDZX1186	高精度光纤实时 qPCR 荧光检测技术	宋章启	南方科技大学
2020KZDZX1187	细胞整合素及相关蛋白在新冠病毒侵染细胞的机制研究	余聪	南方科技大学
2020KZDZX1188	移动互联网时代突发公共卫生事件的媒介治理研究	陈跃红	南方科技大学
2020KZDZX1189	新型冠状病毒感染肺炎疫情对未来五年粤港澳大湾区潜在经济增长率的影响分析	王新杰	南方科技大学
2020KZDZX1190	抗新型冠状病毒喷雾剂、速溶茶等系列产品快速开发及生产线建设	程金生	韶关学院

本项目由金花茶（广东省韶关市浈江区）、白毛茶（广东省韶关市仁化县）、高山古树茶（广东省韶关市罗坑镇）、海南苦丁茶（海南省澄迈县）、紫金葫芦茶（广东省河源市紫金县）、英德红茶（广东省英德市）、贵州老鹰茶等各种山茶族或类茶族资源（花、叶、果等不同部位）按《中华人民共和国药典》（2015 年版）的要求进行优选，无霉变、无异味、无杂质；对优选出的资源进行粉碎、过筛，采用超临界二氧化碳萃取技术、溶剂浸提技术等对茶族

资源粉末（如苦丁茶叶粉末）进行初步提取，得到粗提物。所得粗提物采用相应的大孔树脂层析柱法进行纯化，分别得到 *L*- 茶氨酸、茶黄素 -3,3′- 双没食子酸酯、咖啡碱、儿茶素、绿原酸等不同纯化后产品进行产品设计、研发、工艺优化，分别制成抗病毒喷雾剂、抗病毒爽肤水、抗病毒面膜、抗病毒茶饮料、抗病毒速溶茶、抗病毒袋泡茶、抗病毒咀嚼片、抗病毒泡腾片、抗病毒含片、抗病毒冲剂等各类功能产品。

该部分工作也依托广东省功能活性物实验室韶关分室、中国农科院哈尔滨兽医研究所 - 韶关学院动物疫病诊断中心联合实验室和韶关学院医学院专业实验室进行抗病毒筛选，最终筛选出 2 ～ 3 个有较好抗新型冠状病毒、提升服用者免疫力的功能产品。对筛选出的 1 ～ 2 个抗新冠病毒效果显著产品进行中试等试生产，随后通过与韶关当地企业合作快速建立相关生产线。依托合作企业向政府申请新的食品生产许可证、保健食品批文或消字号批文或化妆品批文的同时，依托合作企业现有基础快速进行产品设计、布局市场，待政府相关批文及行政许可下达后正式开始零利润产品销售。

相关产品经初步抗病毒筛选，已有较好的抗新冠病毒效果。以所开发金花茶 *L*- 茶氨酸口服剂为例，在 0.01 ～ 0.05 mg/mL 的浓度内，该口服剂无明显抑制 SARS-CoV-2 效果。但在 0.05 ～ 0.35 mg/mL 浓度内，金花茶 *L*- 茶氨酸口服剂对 SARS-CoV-2 有显著抑制效果，并在浓度为 0.21 mg/mL 时有最佳抗 SARS-CoV-2 效果。研究数据显示，空白对照组的 SARS-CoV-2 滴度为 17.33×10^4 pfu/mL，而当金花茶 *L*- 茶氨酸口服剂浓度分别为 0.06 mg/mL、0.10 mg/mL、0.15 mg/mL、0.21 mg/mL 和 0.30 mg/mL 时，其 SARS-CoV-2 滴度观测值分别为 12.19×10^4 pfu/mL、7.34×10^4 pfu/mL、1.62×10^4 pfu/mL、0.83×10^4 pfu/mL 和 0.96×10^4 pfu/mL。所有实验组抗 SARS-CoV-2 效果均显著优于空白对照组，其中在 0.21 mg/mL 最优浓度条件下，添加金花茶 *L*- 茶氨酸口服剂的实验组 SARS-CoV-2 病毒滴度仅约相当于空白对照组的 4.8%，病毒活性大幅降低。实验结果也充分表明，本工作所开发的金花茶 *L*- 茶氨酸口服剂能够有效抗击新型冠状病毒，显示了一些金花茶单体物质在抗新冠病毒领域的广阔潜力。有趣的是，实验数据显示，绿原酸等不少金花茶活性单体也有较强的甲型流感病毒 FM1 株抑制作用。

8.2 金花茶抗病毒咀嚼片的研制

金花茶所含有的锗（Ge）、硒（Se）、钼（Mo）、锌（Zn）、钒（V）等多种微量元素及其他多种营养物质中，含有多种对抑制病毒、癌症具有一定的作用的单体。例如，金花茶中所含有的绿原酸是一种抗病毒效果较好的中药单体，对一些病毒具有良好的抑制作用，如流感病毒、腺病毒、新城疫病毒等，绿原酸通过抑制病毒进入宿主细胞或抑制子代毒粒的释放的途径达到抗病毒的效果。基于绿原酸对病毒的抑制作用，多位学者对此展开不同的研究。潘曌曌等人报道，绿原酸对甲型流感病毒 FM1 株有显著的抑制作用。① 王学斌等人报道，绿原酸可有效抑制和阻断左端猪细小病毒的体外作用。② 潘力等人发现绿原酸在体外实验中可有效抑制新型鸭呼肠孤病毒感染，能有效预防病毒感染。③ 刘军等人研究发现绿原酸对抗乙肝病毒有显著的抑制作用。④

咀嚼片是通过牙齿咀嚼，经唾液溶化后再进行吞服的一种片剂，它不需要通过崩解且片剂嚼碎后比表面积增大、药物溶出速度快，可达到促进药物在肠胃中发挥作用并促进吸收的效果。除此之外，咀嚼片还有生物利用度高、质量稳定的优点，最为显著的是它携带方便、服用方便，在缺水的状态下也能保证及时服用，适合一些不喜欢吃中药汤剂或者西药片剂的老人和小孩。

本研究以金花茶为研究基础，研究金花茶抗病毒活性单体的分离与提取，研制金花茶抗病毒咀嚼片。

① 潘曌曌，王雪峰，闫丽娟，等．金银花提取物体外抗甲型流感病毒 FM1 株的研究 [J]. 中国中医药信息杂志，2007（06）：37-38，51.

② 王学斌，魏战勇，崔保安，等．黄芪、板蓝根对猪细小病毒体外抑制作用研究 [J]. 中国预防兽医学报，2006（06）：715-719.

③ 潘力，马秀丽，黄中利，等．绿原酸体外抗新型鸭呼肠孤病毒作用的研究 [J]. 农业生物技术学报，2020，28（04）：754-760.

④ 刘军，黄正明，王选举，等．绿原酸对抗乙肝病毒 -HBsAg 和 HBeAg 的抑制作用 [J]. 解放军药学学报，2010，26（01）：33-36.

8.2.1　金花茶抗病毒活性成分的选择

在金花茶超过 400 种的营养成分中，具有抗病毒功能的有效成分有没食子酸、绿原酸、儿茶素、槲皮素等。其中，绿原酸具有较为突出的抗病毒活性，并且市面上具有抗病毒功能的药剂多以绿原酸为主要原料，因此笔者选择绿原酸作为实验的研究对象。绿原酸是苯丙素类化合物，除了具有抗菌、抗病毒的功能，还具有保肝利胆、抗肿瘤、降血压、降血脂、刺激中枢神经系统以及清除自由基等作用。

8.2.2　金花茶中绿原酸的提取纯化

金花茶中绿原酸的提取纯化步骤由实验小组研究完成。

8.2.2.1　金花茶绿原酸的分离提取

实验小组选择广西防城港市专业企业购买的纯正防城金花茶花朵，用清水洗涤 3 次后沥干水再晒干。用多功能粉碎机将金花茶的花粉碎成粉末，再用 30 目筛将粉碎后金花茶花粉末中的纤维等杂质筛除。为了使咀嚼片的感官评价更好，将金花茶花粉末于超细微粉碎机中进行第二次超细微粉碎，将所得超细微粉末置于干燥无菌广口瓶中待用。

把得到的金花茶超细微粉末放到容器中，加入甲醇没过粉末表面，70℃的条件下浸提 0.5 h，再用超声波辅助浸提 30 min，再设置 70℃冷凝回流 2 h 辅助浸提，最后通过旋转蒸发浓缩得到金花茶膏体，完成绿原酸分离提取的前处理过程。采用薄层色谱分析法进行绿原酸的粗提取，首先制作黏合剂（1% 羧甲基纤维素钠溶液），使用黏合剂与硅胶粉混合（料液比为 1 ∶ 3.1）制作硅胶层析薄板，然后筛选展开剂，最终选择最佳薄层色谱展开剂配比为正丁醇∶水∶乙酸乙酯的体积比为 1 ∶ 1.2 ∶ 10，刮取相应的色带完成绿原酸提取物的分离提取步骤。

8.2.2.2　金花茶绿原酸的纯化

一次纯化使用单分散磺化聚苯乙烯修饰石墨烯微球进行初步提纯，二次纯化使用半制备性液相色谱对粗提纯液体进行二次提纯，真空干燥后加水溶解，再通过沉淀、过滤、滤液浓缩、真空干燥获得金花茶绿原酸提取物的浓度为 30%。

8.2.3　金花茶抗病毒咀嚼片的研制

本实验以实验小组从金花茶花朵中提取的绿原酸为主要成分，配伍填充剂、黏合剂、甜味剂、润滑剂等，通过湿法制粒，提高金花茶抗病毒单体与辅料的融合性以及咀嚼片的成片率。通过多次改良金花茶抗病毒咀嚼片的制备工艺，实现金花茶抗病毒咀嚼片的保质保量的前提下减少制备工艺的程序和时间，降低咀嚼片的制备成本。

8.2.4　金花茶抗病毒咀嚼片的质量检测

本实验通过检测金花茶抗病毒咀嚼片的硬度、脆碎度、片重差异等检测项目，衡量金花茶抗病毒咀嚼片的质量，通过单因素实验对原辅料用量进行调整以及对原辅料种类的选取进行衡量，提高金花茶抗病毒咀嚼片的品质，再通过正交试验得出金花茶抗病毒咀嚼片的最优配比。

8.2.5　工艺流程

以实验小组分离提取的金花茶提取物为基础配伍原辅料，首先用研钵将填充剂、甜味剂、绿原酸提取物研磨成粉末，过 100 目筛，喷洒黏合剂，使其达到手握成团、轻压即散的状态。然后放置于鼓风干燥箱内 45 ℃干燥 30 ～ 60 min 后，取出添加润滑剂，研磨并过 100 目筛，再使用单冲压片机调整压力后进行压片即得到金花茶抗病毒咀嚼片。图 8-2 为金花茶抗病毒咀嚼片的工艺流程图，图 8-3 为金花茶抗病毒咀嚼片的研制过程图。

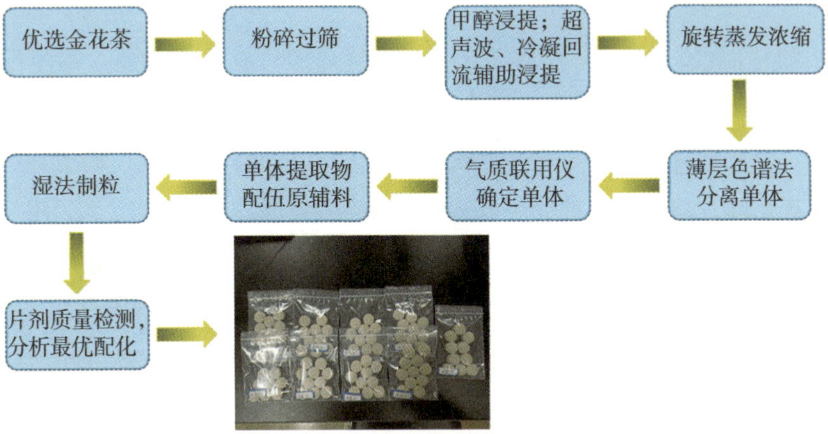

图 8-2　金花茶抗病毒咀嚼片的工艺流程图

图 8-3　金花茶抗毒咀嚼片的研制过程图

8.2.6 金花茶抗病毒咀嚼片辅料的选择

咀嚼片需经口中嚼碎后咽下，因此咀嚼片的口感至关重要。绿原酸提取物口感略苦，带有微酸，因此确定咀嚼片以甜味为主，略带酸味，有凉爽口感。以定量的金花茶抗病毒提取物配伍适量的填充剂、甜味剂、润滑剂、黏合剂，发现咀嚼片口感仍然略带苦味，因此舍弃淀粉、糊精等填充剂的添加，以甘露醇、木糖醇、乳糖作为填充剂、矫味剂。又因金花茶抗病毒提取物本身带有微酸口味，因此不再添加柠檬酸等酸味矫味剂。

乳糖是一种白色粉末状物质，带有甜味，在片剂制备中是一种优良的填充剂，从牛乳清中提取获得，在咀嚼片研制中使用得较为广泛。乳糖不具有吸湿的性能，但有良好的压缩性，且与大多数药物不发生化学反应。使用乳糖作为填充剂时，所研制的咀嚼片比较光滑，外观较好。

甘露醇是一种带有甜味的白色结晶粉末，性质稳定，常常作为咀嚼片的稀释剂。甘露醇溶于水时会吸热，因此溶解在口中时会带来凉爽的口感。甘露醇不具有吸湿的性质，但具有良好的流动性和可压性，因此是制备咀嚼片的优良选择。

木糖醇是一种天然、健康的甜味剂，外表与白糖相似，在低温环境下木糖醇的甜度比蔗糖高两成，与甘露醇相同，木糖醇溶于水时会吸热，入口后可带来凉爽口感，吸热值是所有糖醇甜味剂中最高的，因此凉爽口感比甘露醇更佳，但流动性和可压性弱于甘露醇，同样是咀嚼片的优选辅料。

硬脂酸镁是一种白色的比滑石粉更细腻的粉末，作为润滑剂，它的密度更小，因此舍弃滑石粉的选择。硬脂酸镁具有良好的附着性，与其他粉末混合后分布均匀且不易分散，是咀嚼片优选润滑剂。

8.2.7 金花茶抗病毒咀嚼片原辅料配比的选择

以金花茶绿原酸提取物为原料，以甘露醇的添加量、乳糖的添加量、木糖醇的添加量、硬脂酸镁的添加量、黏合剂的选择作为研究影响金花茶抗病毒咀嚼片品质的预实验。

8.2.7.1 以甘露醇的添加量作为因变量

由于甘露醇是一种带有甜味的白色结晶粉末，性质稳定，常常作为咀嚼片的稀释剂，因此选择甘露醇的添加量作为实验的因变量。在原辅料单因素实验过程中，由于无法保证除了单一变量外其他原辅料的添加量不变，因此把甘露醇的添加量作为因变量，使之随着单一变量的变化而做出调整。

8.2.7.2 乳糖的添加量对咀嚼片质量评分的影响

乳糖能溶于水，略带甜味，无吸湿性，具有良好的压缩性，且与大多数药物不发生化学反应，是片剂较理想的填充剂。预实验设计乳糖的添加量分别为 50%、55%、60%、65%、70%、75%，通过单因素实验确定乳糖的最佳添加量。

8.2.7.3 木糖醇的添加量对咀嚼片质量评分的影响

木糖醇在低温环境下的甜度比蔗糖高两成，且入口后伴有微微的清凉感，是咀嚼片的优选辅料。预实验设计木糖醇的添加量分别为 5%、10%、15%、20%、25%、30%，通过单因素实验确定木糖醇的最佳添加量。

8.2.7.4 硬脂酸镁的添加量对咀嚼片质量评分的影响

硬脂酸镁外表为白色粉末，具有良好的附着性，与其他粉末混合后分布均匀且不易分散，是咀嚼片优选润滑剂。预实验设计硬脂酸镁的添加量分别为 1%、2%、3%、4%、5%，通过单因素试验确定硬脂酸镁的最佳添加量。

8.2.7.5 黏合剂的选择对咀嚼片质量评分的影响

为了确保压片过程中的可压性和流动性更好，预实验分别选择 60% 乙醇、70% 乙醇、5% 聚乙烯吡咯烷酮 -k30 的 70% 乙醇、10% 聚乙烯吡咯烷酮 -k30 的 70% 乙醇作为变量，通过单因素实验确定黏合剂的选择。

8.2.8 结果与分析

8.2.8.1 金花茶绿原酸提取物添加量的确定

通过薄层色谱法分离提取出金花茶绿原酸提取物，通过高效液相色谱法测出金花茶绿原酸提取物的浓度为 30%。由于 2020 年版《中华人民共和国药典》中规定绿原酸含量限定不得少于 3.8%，考虑咀嚼片的口感问题以及研制过程中绿原酸的损耗问题，经过计算确定金花茶抗病毒咀嚼片中金花茶绿原酸提取物的添加量为 6%。

8.2.8.2 金花茶抗病毒咀嚼片原辅料的配比

（1）甘露醇添加量对咀嚼片品质影响结果分析。通过单因素实验得知，当甘露醇添加量为 33% 时，金花茶抗病毒咀嚼片的质量评分最高，硬度适中、口感较好，片剂外表美观。当甘露醇添加量小于 28% 时，片剂质量评分下降较快，片剂外观色泽不均一，结果如图 8-4 所示。因此，确定本实验的甘露醇最佳添加量为 33% 。

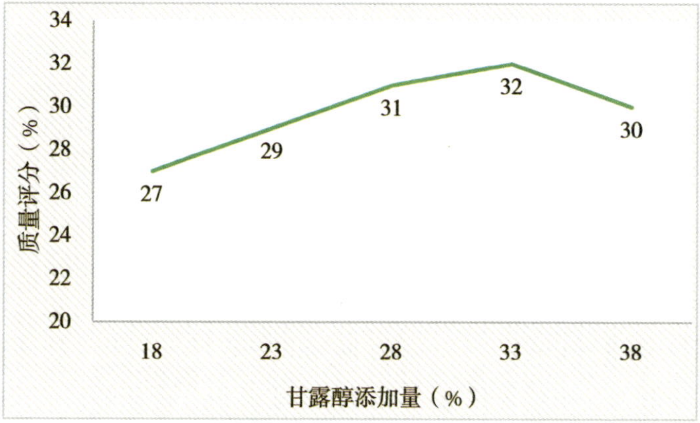

图 8-4 甘露醇添加量对金花茶抗病毒咀嚼片质量评分的影响

（2）乳糖添加量对金花茶抗病毒咀嚼片品质影响结果分析。通过单因素实验得知，当乳糖添加量为 55% 时，金花茶抗病毒咀嚼片的质量评分最高，硬度适中、口感较好，片重差异小。当乳糖添加量大于 60% 时，片剂质量评分下降较快，片剂外观色泽不均一，结果如图 8-5 所示。因此，确定本实验的乳糖最佳添加量为 55% 。

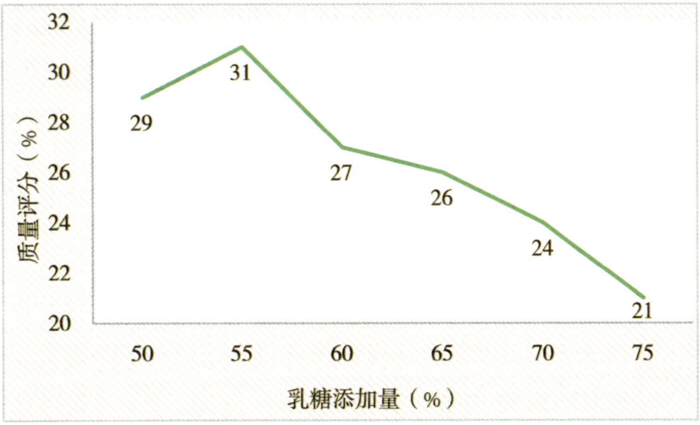

图 8-5　乳糖添加量对金花茶抗病毒咀嚼片质量评分的影响

（3）木糖醇添加量对金花茶抗病毒咀嚼片品质影响结果分析。通过单因素实验得知，当木糖醇添加量为 10% 时，金花茶抗病毒咀嚼片的质量评分最高，甜度适中、口感较好，片剂外观完整光滑、色泽均一。当木糖醇添加量大于 15% 时，片剂质量评分下降较快，片重差异较大，结果如图 8-6 所示。因此，确定本实验的木糖醇的最佳添加量为 10% 。

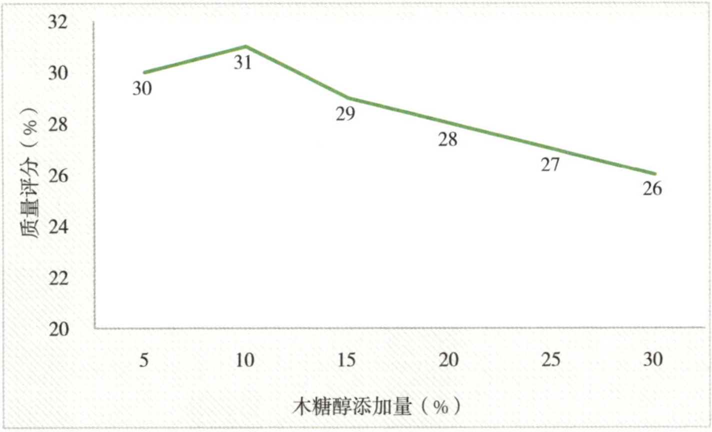

图 8-6　木糖醇添加量对金花茶抗病毒咀嚼片质量评分的影响

（4）硬脂酸镁添加量对金花茶抗病毒咀嚼片品质影响结果分析。通过单因素实验得知，当硬脂酸镁添加量为 2% 时，金花茶抗病毒咀嚼片的质量评分最高，片剂外观完整光滑、色泽均一，硬度适中。当硬脂酸镁添加量大于 2%

时，片剂质量评分下降较快，脆碎度较大，结果如图 8-7 所示。因此，确定本实验的硬脂酸镁的最佳添加量为 2%。

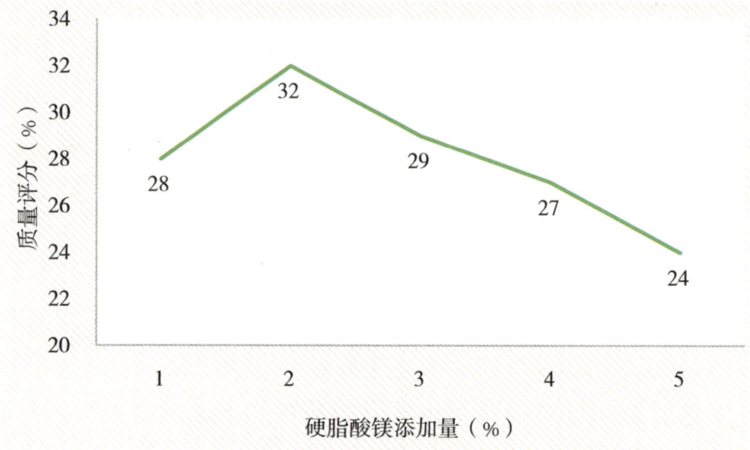

图 8-7　硬脂酸镁添加量对咀嚼片质量评分的影响

（5）黏合剂的选择对金花茶抗病毒咀嚼片品质影响结果分析。通过单因素实验得知，当黏合剂选择 70% 乙醇时，金花茶抗病毒咀嚼片的质量评分最高，口感较好、片剂外观完整光滑、色泽均一、硬度适中，结果如图 8-8 所示。因此，确定本实验使用 70% 乙醇作为黏合剂。

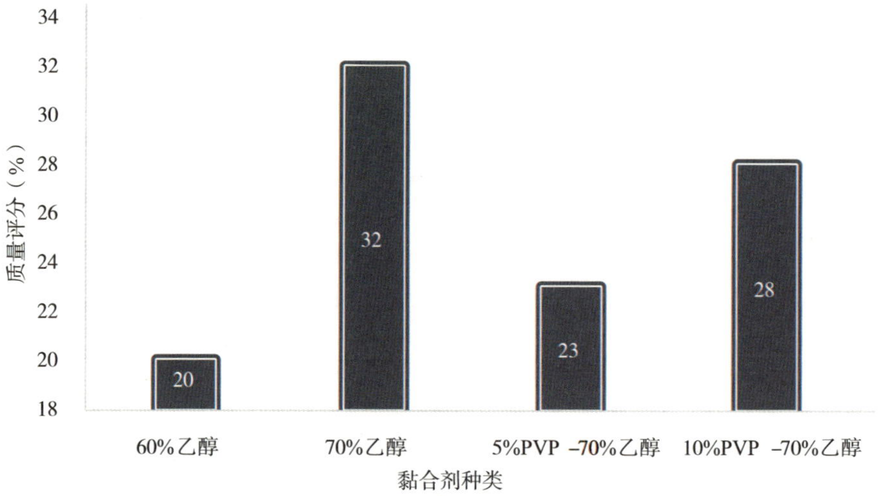

图 8-8　黏合剂种类对金花茶抗病毒咀嚼片质量评分的影响

8.2.8.3　正交试验结果与分析

由表 8-2 中的 R 值分析可得，对金花茶抗病毒咀嚼片质量的影响最为主要的是乳糖的添加量，其次是木糖醇的添加量，干燥时间的影响较小。因素 A 的最优水平为 A_1，因素 B 的最优水平为 B_1，因素 C 的最优水平为 C_3。综上所述，本实验最优水平组合为 $A_1B_1C_3$，即金花茶抗病毒咀嚼片的最优配方为乳糖 52%、木糖醇 7%、甘露醇 33%、金花茶绿原酸提取物 6%、硬脂酸镁 2%、黏合剂为 70% 乙醇、干燥时间为 60 min，根据该配方制得的咀嚼片色泽均匀、形态完整、硬度适宜、甜度适中、口感较好。

表8-2　$L_9(3^3)$ 正交实验结果

试验号	A	B	C	片剂外观	脆碎度	硬度	片重差异	评分
1	1	1	1	9	9	10	7	35
2	1	2	2	8	7	8	6	29
3	1	3	3	9	9	8	8	34
4	2	1	2	8	7	8	7	30
5	2	2	3	8	7	10	5	30
6	2	3	1	7	7	8	8	30
7	3	1	3	8	8	10	6	32
8	3	2	1	7	6	8	6	27
9	3	3	2	8	7	8	8	31
K_1	32.67	32.33	30.67					
K_2	30.00	28.67	30.00					
K_3	30.00	31.67	32.00					
R	2.67	3.67	2.00					

本实验采取湿法制粒压片法，根据辅料相容性对原辅料进行筛选，选择出乳糖、木糖醇、甘露醇、70% 乙醇、硬脂酸镁等不同功能的辅料，对不同

原辅料的用量进行单因素实验后通过正交设计优化配方，根据该配方制得的金花茶抗病毒咀嚼片的平均硬度为 131 N/A，片重差异为 1.354%，脆碎度为 1.758%。

笔者对用上述配方制得的金花茶抗病毒咀嚼片进行了片剂质量检测，对片剂外观、片剂脆碎度、片剂硬度以及片重差异等关键质量指标进行检测，通过正交设计试验得到的最优设计成品的色泽均匀、形态完整、硬度适宜且口感较好，感官评分为 38 分，成品单片重量约为 1.7 g。根据最优配比研制的金花茶抗病毒咀嚼片如图 8-9 所示，质构仪分析检测图与检测数据如图 8-10 和表 8-3 所示。

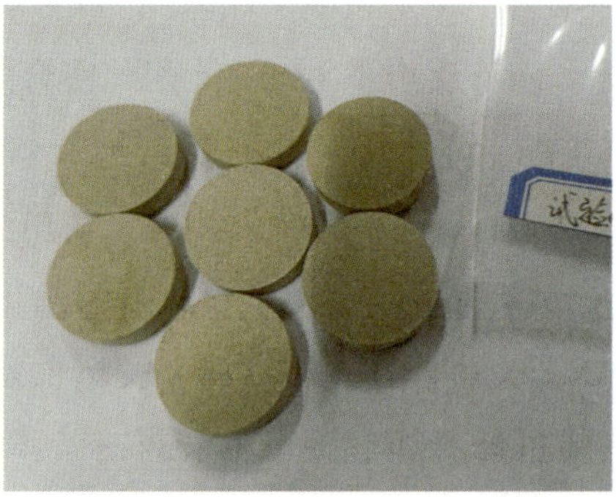

图 8-9　根据最优配比研制的金花茶抗病毒咀嚼片

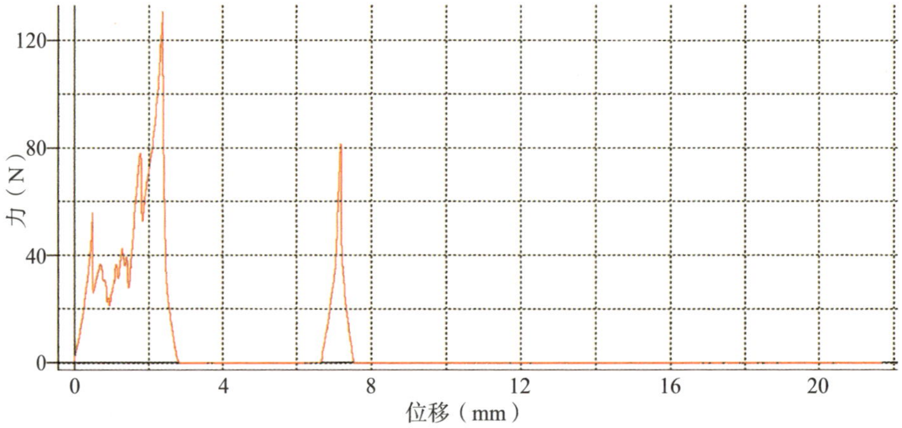

图 8-10　质构仪分析检测图

表 8-3　质构仪分析检测数据

序号	硬度 1（N）	硬度 2（N）	弹性（mm）	内聚性	咀嚼性	胶着性	恢复性	黏附性
1	130.82	130.82	2.38	0.57	7.18	0.1	0.5	0.07
2	130.82	130.82	2.38	0.57	7.18	0.1	0.5	0.07
3	130.82	130.82	2.38	0.57	7.18	0.1	0.5	0.07
4	130.82	130.82	2.38	0.57	7.18	0.1	0.5	0.07
5	130.82	130.82	2.38	0.57	7.18	0.1	0.5	0.07
6	130.82	130.82	2.38	0.57	7.18	0.1	0.5	0.07
7	130.82	130.82	2.38	0.57	7.18	0.1	0.5	0.07

8.3　一种抗新型冠状病毒金花茶速溶茶颗粒剂制备技术

有研究表明，绿原酸和咖啡碱均对流感病毒（RMI 型）和新城鸡瘟病毒（NDV 型）具有强烈的抑制效果，令人欣喜。

本部分工作从金花茶老叶或金花茶加工后下脚料中高效提取绿原酸及咖啡碱，并以之为原料配伍相关辅料开发金花茶速溶茶颗粒剂，进行抗新型冠状病毒功效验证，旨在实现金花茶老叶或金花茶加工后下脚料的综合利用，延长金花茶产业链，提高金花茶附加值。

一种抗新型冠状病毒金花茶速溶茶颗粒剂制备技术具体包括如下步骤。

8.3.1　金花茶茶粉的制备

选择金花茶老叶或金花茶加工过程中的下脚料，洗净，干燥后粉碎，用 20 目筛子过筛，得到过筛后金花茶茶粉。

8.3.2 金花茶咖啡碱的提取

8.3.2.1 上清液Ⅰ的制备

称取8.3.1中得到的金花茶茶粉5.0 g，加入100 mL去离子水，超声波联合水浴浸提3次，过滤除去残渣，所得滤液加入等体积无水乙醇后在400 W的条件下超声5 min，之后静置40 min，再过滤，除去沉淀，得到上清液Ⅰ。

8.3.2.2 上清液Ⅱ的制备

调节上清液Ⅰ pH为7.0～8.0，加入氯化钙2.5 g。随后在400 W的条件下超声40 min，离心除去茶多酚－钙离子沉淀，得到上清液Ⅱ。

8.3.2.3 粗制咖啡碱

在上清液Ⅱ中加入NaCl 0.02 g，在400 W的条件下超声5 min后加入200 mL的乙酸乙酯，水浴温度控制在40℃，在400 W的条件下进一步超声30 min，之后静置50 min，分离出乙酸乙酯，旋转蒸发回收乙酸乙酯，所得产品经40℃真空干燥4 h，得粗制咖啡碱。

8.3.2.4 高纯咖啡碱

将上述粗制咖啡碱放置于250 mL烧杯中，并在上方倒扣一个翻边金属罩，在搅拌条件下加热该烧杯，控制温度在120℃，金属罩上表面铺有散热片，使升华的咖啡碱更易降温，从而在金属罩内表面结晶。每5 min取下金属罩或表面皿并刮下内表面的结晶咖啡碱。每刮取一次，用玻璃棒大幅翻动粗制咖啡碱一次，再次扣上金属罩加热。重复操作3次后，将升华后的晶体合并，即得纯化后高纯咖啡碱（纯度在99.5%以上）。

8.3.3 金花茶绿原酸提取纯化

8.3.3.1 绿原酸初提物的提取

称取一定量8.3.1中干燥、粉碎、过筛后的金花茶茶粉，采用80%乙醇提取，物料比为1 ∶ 20，温度为35℃，反应时间为2 h，得绿原酸初提物。

8.3.3.2 第一次纯化

随后选用NKA－Ⅱ大孔树脂来进一步纯化绿原酸，绿原酸初提物的浓度为 0.2 mg/mL，pH 为 3.0，进样液体积与大孔树脂质量比值为 20 mL/L，流速为 2 mL/min，洗脱剂为 30% 乙醇，得初步纯化后的绿原酸。

8.3.3.3　第二次纯化

使用半制备性液相色谱分离并真空干燥，得二次纯化后绿原酸。

8.3.3.4　第三次纯化

进一步将二次纯化后的绿原酸加入水中，使杂质沉淀，滤去不溶于水的成分，以绿原酸粗提液体积为 1 倍，分别加入 2 倍、3 倍、4 倍、5 倍的水，沉淀、过滤，滤液浓缩并在 40℃下真空干燥，可得 3 次纯化后的高纯度绿原酸（纯度在 99.5% 以上）。

8.3.4　金花茶抗 2019 新型冠状病毒速溶茶原料粉末的制备

将高纯咖啡碱、高纯度绿原酸、罗汉果甜苷 V（可溶于水）、可溶性淀粉、水溶性糊精、柠檬酸、10% 淀粉浆按 25 ∶ 20 ∶ 3 ∶ 20 ∶ 6 ∶ 1 ∶ 3 的比例混合，制成金花茶抗 2019 新型冠状病毒速溶茶原料粉末。

8.3.5　金花茶抗 2019 新型冠状病毒速溶茶颗粒

金花茶抗 2019 新型冠状病毒速溶茶原料粉末通过中药制粒机在冲孔板孔径为 1.50 mm、轧辊电机频率为 50 Hz、送料电机频率为 40 Hz、油缸压力为 20 bar 的条件下干法制粒，得粒度在 20 目的金花茶抗 2019 新型冠状病毒速溶茶颗粒。

8.3.6　灭菌及合格检验

将金花茶抗 2019 新型冠状病毒速溶茶颗粒装入包装袋后送入缓冲间，通过 137Cs- γ 射线辐射 4 h 灭菌（第一次灭菌），辐射量为 6 kGY，并通过预安装的剂量计进行计量。通过选择抗辐射性强的短小芽孢杆菌作为电离辐射灭菌的指示剂，确保辐射灭菌质量；经过第一次灭菌处理后，将原料的包装袋打开后，再采用紫外线消毒进行消毒处理 16 h（第二次灭菌），按《固态速溶茶 第 4 部分：规格》（GB/T　18798.4—2013）和《中华人民共和国药典》（2015 年版）的要求进行逐项合格检验。

8.3.7 抗 2019 新型冠状病毒药物功能验证

对上一步灭菌并检验合格的金花茶抗 2019 新型冠状病毒速溶茶颗粒分别开展毒理学、抗新型冠状病毒药效学验证试验，以及药代动力学验证工作，以提供该药物翔实可信的抗 2019 新型冠状病毒等方面的科学依据。拟通过如下具体步骤开展药物的抗 2019 新型冠状病毒功效验证。

以 2019 新型冠状病毒 RNA 为模板，并以反转录酶合成 cDNA，以 cDNA 为模板，用聚合酶链反应技术分别获得 2019 新型冠状病毒 S、M、E 基因。构建以上 3 个基因的 pMD–18T 重组质粒，鉴定。进一步构建以上 3 个基因的 pFastBac™ Dual 重组质粒，并通过聚合酶链反应、双酶切及测序鉴定将 pFastBac™ Dual 重组质粒分别转化进入 DH10Bac 感受态细胞中，摇床培养 12 ～ 16 h，进行聚合酶链反应检测。挑取阳性菌落，扩菌，提取 Bacmid DNA，获得 3 个重组 rBacmid DNA，将其分别转染 Sf9 细胞，收获上清，即为第一代重组病毒。

100 μL 第一代重组病毒感染 Sf9 细胞，28℃放置 2 h，期间轻轻晃动培养瓶以使病毒均匀地吸附细胞。然后弃上清，加 2 mL 完全培养基，28℃培养 72 h 之后收集上清，此为第二代病毒。

将收获的病毒按上述方法继续传代，得到第三代病毒。

将 3 种重组杆状病毒分别命名为 rB–S、rB–M、rB–E，进行噬斑纯化并噬斑计数。将纯化的病毒感染 Sf9 细胞，培养，分别收集上清及细胞，Western–bloting、血凝试验、间接免疫荧光实验检测重组蛋白的表达。再用纯化的重组杆状病毒 rB–S、rB–M 或 rB–S、rB–M、rB–E 共同侵染 Sf9 细胞，28℃培养箱中培养约 5 d，收集感染的细胞，PBS 吹散贴壁细胞，洗涤 3 次，超声波破碎，4℃，12 000 g 离心 10 min，取上清。应用蔗糖密度梯度超速离心，纯化 2019 新型冠状病毒病毒样颗粒（virus like particle, VLP），Western–bloting 鉴定 VLPs 的组成蛋白，并利用透射电子显微镜观察 VLPs 的形态。将纯化的 2019 新型冠状病毒病毒样颗粒溶解在 PBS 溶液作为病毒原液，分别开展梯次 2019 新型冠状病毒稀释病毒液（10–1、10–2、10–3……10–9）、病毒接种（37℃，5% CO_2 孵育箱）、添加本专利抗病毒产品（本专利所制备金花茶速溶茶颗粒 PBS 分散液，0.25 mg/mL），不同时间段（18 h、24 h、36 h、48 h、72 h）显微镜观察致细胞病变作用（cytopathic effect, CPE），直至受到抗病毒产品病毒持续作用，产生的 CPE 不再进展为止，记录详细抗 2019 新型冠状病毒详细数据。

8.3.8　灭菌封包

抗 2019 新型冠状病毒速溶茶颗粒通过自动真空覆膜粉末包装机热合密封包装，以每袋或条 1.2 g 颗粒剂为包装单位，在热合密封包装前，采用紫外线对包装袋进行消毒 4 h（第三次灭菌）；包装贴签、装箱、检验，按每箱抽 2 盒合格后封箱，采用 $^{137}Cs-\gamma$ 射线灭菌成品入库（第四次灭菌），辐射量选用 10 kGY，并通过预安装的剂量计进行计量。通过选择抗辐射性强的短小芽孢杆菌作为电离辐射灭菌的指示剂，确保辐射灭菌质量。

8.3.9　使用说明

灭菌封包的小包装金花茶抗 2019 新型冠状病毒速溶茶颗粒撕开包装后，85℃温开水冲泡即可饮用。

第 9 章　金花茶面霜、沐浴露等日化系列产品开发研究

9.1　金花茶果核油沐浴露的研制及其抗菌试验研究

2020 年，金花茶被列入第三批广东省扶贫产品名录（粤农扶办〔2020〕183 号），围绕金花茶叶、花朵、花粉、果肉、果核等不同部位开展深加工研究，对于培育地方性新兴产业、延长金花茶附加值、助力乡村振兴具有重要意义。典型的金花茶果实和果核的照片如图 9-1 所示。金花茶果实为蒴果，内藏 6 ~ 8 粒种子，种皮黑褐色。前期研究表明，金花茶果核中富含维生素 E、硬脂酸、亚油酸甲酯、油酸甲酯、十八碳烯酸等亲肤成分以及反式角鲨烯等天然抗炎成分，很适合作为沐浴露等化妆品产品开发原料。但截至目前，尚未见金花茶果核在沐浴露等化妆品领域的有关报道。本工作从金花茶果核中高效提取、精制金花茶果核油，并以之为原料开发沐浴露产品，同时评价其抗菌功效。

（a）果实

（b）果核

图 9-1　典型金花茶果实及果核的照片

9.1.1　材料与方法

9.1.1.1　主要仪器

本试验用到的主要仪器如表 9-1 所示。

表9-1　本试验用到的主要仪器

仪器名称	型号	生产厂家
电子天平	ME104T	赛多利斯科学仪器（北京）有限公司
恒温水浴锅	HH-6	金坛区国旺实验仪器
手提式不锈钢压力蒸汽灭菌器	24L	上海三申医疗器械有限公司
真空干燥箱	DZF-6050	上海玺袁科学仪器有限公司
高速多功能粉碎机	DFY-400C	上海利闻科学仪器有限公司
台式高速离心机	TG16-WS	长沙维尔康湘鹰离心机有限公司
旋转蒸发仪	IKARV8V	艾卡（广州）仪器设备有限公司
气相色谱联用	Agilent6890-5973	苏州安捷伦精密机械有限公司
超声波清洗器	KQ3200E	昆山市超声仪器有限公司

9.1.1.2 主要试剂

本试验用到的主要试剂如表 9-2 所示。

表9-2 本试验用到的主要试剂

试剂名称	纯度	购买厂家
防城港金花果核	—	广西源之源生态农业投资有限公司提供
EDTA-2Na	分析纯	福晨（天津）化学试剂有限公司
凯松 KN-15B	分析纯	洛阳科恩生物科技有限公司
瓜尔豆胶	分析纯	东莞市乔科化学有限公司
乙二醇二硬脂酸	分析纯	东莞市乔科化学有限公司
椰油酰胺基丙基甜菜碱	分析纯	东莞市乔科化学有限公司
月桂基聚氧乙烯醚硫酸钠	分析纯	东莞市乔科化学有限公司
月桂醇聚氧乙烯醚硫酸酯钠盐	分析纯	东莞市乔科化学有限公司
硬脂酸异辛酯	分析纯	东莞市乔科化学有限公司
二甲基二烯丙基氯化铵	分析纯	武汉荣灿生物科技有限公司
胰酪大豆胨琼脂	—	广东环凯微生物科技有限公司
胰酪大豆胨肉汤	—	广东环凯微生物科技有限公司
珠光浆	—	韶关市威尔生物科技有限公司
明胶	—	韶关市威尔生物科技有限公司
柠檬酸	—	韶关市威尔生物科技有限公司
香精	—	韶关市威尔生物科技有限公司
乙醇	—	韶关市威尔生物科技有限公司
大肠埃希菌	—	广东环凯微生物科技有限公司
金黄色葡萄糖菌	—	广东环凯微生物科技有限公司
白色念珠菌	—	广东环凯微生物科技有限公司

9.1.1.3　主要研究方法

（1）金花茶果核油提取、精制。将金花茶果实清洗干净，将果肉与果核分离，烘干，果核壳仁分离，压扁，蒸炒，使用德国贝尔斯顿 9018 家用小型榨油机压榨出油，随后过滤得金花茶果核毛油。将金花茶果核毛油加热到 75 ～ 85℃，加入 8%～ 10%同温度的软水，充分混合，离心分离水相和油相，重复 2 次后，将油相在 0.1 MPa 的真空、90 ～ 95℃条件下干燥 20 min，待油温降至 50℃以下时取出，即得碱炼脱酸油，脱酸后酸价为 0.24，达到国家一级油品标准。采用常压吸附脱色工艺，活性白土和活性炭的用量各占茶油质量的 3%，用量通过脱色正交试验确定，在 120℃下脱色 30 min；在 0.1 MPa 下，140℃时通入少量水蒸气，升温至 240℃脱臭 2 h；采用传统分提工艺，-5℃下冷冻 48 h 后离心分离，分离出上层液即为最终产品。精制前的金花茶果核毛油颜色为黄色，较为浑浊；精制后的金花茶果核毛油颜色接近无色，较精制前更为澄清。

（2）金花茶果核油沐浴露制备。在 250 mL 的烧杯中加入 70 mL 去离子水，再加热至 60℃；加入月桂醇聚氧乙烯醚硫酸钠和十二烷基硫酸钠，用玻璃棒搅拌至透明溶液，搅拌过程保证温度在 60 ～ 65℃；随后逐步加入氯化钠、硼酸和 EDTA，继续搅拌至这些物质完全溶解（溶液透明）；控制温度在 60 ～ 65℃，加入椰油酰胺基丙基甜菜碱、丙二醇和精制后的金花茶果核油，搅拌 30 min 至均匀混合；降温至 50℃以下，加入适量香精和珠光浆，搅拌 10 min 至均匀混合；加入椰子油脂肪酸二乙醇酰胺、凯松 KN-15B 和其他辅料，搅拌 10 min 以上至均匀混合；用柠檬酸调节 pH 为 4.5 ～ 6.5；出料，密封包装，室温自然消泡 24 h 以上便可得到金花茶果核油沐浴露成品。

本部分工作最优化配方如下：精制金花茶果核油 12 g、月桂基聚氧乙烯醚硫酸钠 11 g、十二烷基硫酸钠 3 g、椰子油脂肪酸二乙醇酰胺 4 g、椰油酰胺基丙基甜菜碱 6 g、氯化钠 1 g、丙二醇 2 g、硼酸 0.1 g、EDTA-二钠 0.1 g、柠檬酸 0.08 g、珠光浆 3.5 g、香精适量、凯松 0.5 g、去离子水。

（3）金花茶果核油沐浴露抑菌试验。为了进一步探究所制备的金花茶果核油沐浴露的抑菌效果，本试验采取琼脂稀释法和抑菌圈法两种方法对制成的金花茶果核油沐浴露进行抑菌试验。琼脂稀释法是将不同浓度下的金花茶果核油沐浴露和普通市售沐浴露各溶于固体培养基中，观察大肠埃希菌、金黄色葡萄球菌和白色念珠菌菌种在不同浓度、不同沐浴露下的生长情况，从而对比得出金花茶果核油沐浴露对3种细菌的抑制效果。抑菌圈法是采用对照组和试验组对比的方法来比较浸有金花茶果核油沐浴露与普通市售沐浴露滤纸的培养皿中的抑菌圈大小，得出金花茶果核油沐浴露的抑菌效果。

9.1.2 结果与讨论

9.1.2.1 金花茶果核油沐浴露的配方研究

根据所开发的金花茶果核油沐浴露的原材料比例的不同，本书设计了9种金花茶果核油沐浴露配方，按照《沐浴剂》(QB/T 1994—2013)、《特种沐浴剂》(GB 19877.2—2005)等国家标准，对每一个配方制成的沐浴露进行外观、香味、冲洗感和泡沫度的比较，根据沐浴露评分标准进行评分，得出最优配方。沐浴露评分结果如表9-3所列。

表9-3 沐浴露评分结果

试验序号	评分项目				综合评分
	外观	香味	冲洗感	泡沫度	
1	1.5	1.8	2.4	1.6	7.3
2	1.8	1.8	2.9	2.8	9.3
3	1.3	1.8	1.5	2.5	7.1
4	1.5	1.6	1.2	2.4	6.4
5	1.8	1.7	2.4	2.5	8.4
6	1.6	1.8	2.6	1.4	7.4
7	1.5	1.7	2.3	2.0	7.5
8	1.4	1.6	2.0	2.3	7.3
9	1.4	1.7	2.7	2.3	8.1

9.1.2.2 金花茶果核油沐浴露抑菌试验

《沐浴剂》(QB/T 1994—2013)、《特种沐浴剂》(GB 19877.2—2005)等

国家标准对本书开发的金花茶果核油沐浴露进行抑菌试验测试。金花茶果核油沐浴露与普通市售沐浴露在 1 000 mg/L 和 3 000 mg/L 浓度下对大肠埃希菌、金黄色葡萄球菌和白色念珠菌 3 种菌的抑菌效果如表 9-4 和表 9-5 所示，二者对 3 000 mg/L 浓度下的白色念珠菌抑制效果对比如图 9-2 所示。

表9-4 金花茶果核油沐浴露与普通市售沐浴露在1 000 mg/L浓度下的抑制效果

沐浴露名称	两种沐浴露对 3 种细菌的抑菌效果		
	大肠埃希菌	金黄色葡萄球菌	白色念珠菌
普通市售沐浴露	+	+	+
金花茶果核油沐浴露	+	+	+

注：“+”代表有菌生长，“-”代表无菌生长。

表9-5 金花茶果核油沐浴露与普通市售沐浴露在3 000 mg/L浓度下的抑制效果

沐浴露名称	两种沐浴露对 3 种细菌的抑菌效果		
	大肠埃希菌	金黄色葡萄球菌	白色念珠菌
普通市售沐浴露	-	+	+
金花茶果核油沐浴露	-	-	+

注：“+”代表有菌生长，“-”代表无菌生长。

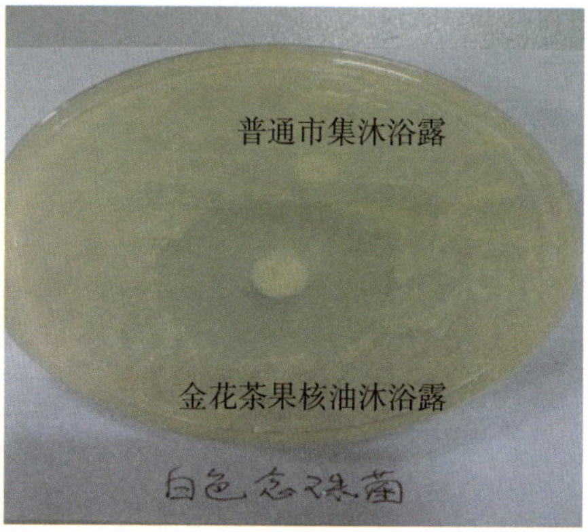

图 9-2 金花茶果核油沐浴露与普通市售沐浴露在 3 000 mg/L 浓度下对白色念球菌的抑制效果对比

由试验结果可知，金花茶果核油沐浴露对大肠埃希菌、金黄色葡萄球菌和白色念珠菌的抑菌圈效果分别为 16.7 mm、20.9 mm、36.2 mm，普通市售沐浴露对大肠埃希菌、金黄色葡萄球菌和白色念珠菌均无抑菌圈或抑菌圈不显著。

进一步深入研究发现（琼脂稀释法），金花茶果核油沐浴露在 3 000 mg/L 的浓度下为普通抑菌沐浴露，当浓度增至 5 000 mg/L 时，其能够完全抑制大肠埃希菌、金黄色葡萄球菌和白色念珠菌的生长，达到了广谱抑菌沐浴露的要求；而普通市售沐浴露在浓度增至 5 000 mg/L 时也只能抑制大肠埃希菌而无法达到抑制金黄色葡萄球菌和白色念珠菌生长的效果。结果表明，以金花茶果核油为原料开发的金花茶果核油沐浴露具有较好的产品应用前景。

9.1.2.3 结论

本工作对金花茶果核油沐浴露的制备工艺进行了研究，经正交试验对沐浴露处方进行优化，最后通过金花茶果核油沐浴露对大肠埃希菌、白色念珠菌和金黄色葡萄球菌的抑菌效果进行验证。在多因素试验中，感官评价得分表明，本工作研制的金花茶果核油沐浴露具有外观色泽均匀、表面细腻光滑、香气宜人且易冲洗、泡沫丰富等优点，且使用完后皮肤感觉较为舒适。该沐浴露在一定浓度下对大肠埃希菌、金黄色葡萄球菌和白色念珠菌均有显著的抑制效果，令人欣喜。上述工作表明，以利用率较低的金花茶果核油为原料研制沐浴露切实可行，所研制的金花茶果核沐浴露抑菌功效较强，且具有保湿、易冲洗、温和无刺激等优点，有望实现金花茶果核综合利用，提高原料附加值。

9.2 基于金花茶天然精油的抗紫外、保湿面霜研究

下面采用超临界二氧化碳萃取工艺从防城金花茶叶片中萃取天然精油成分，再以所萃取的金花茶天然精油为主材料制备面霜，通过正交实验对面霜配方进行优化，最后通过面霜在不同条件下的重量变化及适宜浓度的霜剂溶液在 280 ～ 400 nm 的紫外吸收对其抗紫外及保湿作用进行验证。金花茶叶萃

取压力为 19.2 MPa，萃取温度为 50℃，萃取时间为 2.0 h，天然精油得率为 0.043%。所开发的面霜产品霜体细腻、香氛自然淡雅、具有较好的抗紫外及较强的保湿效果。

9.2.1　材料与方法

9.2.1.1　主要仪器

超临界二氧化碳萃取装置（SFE-120，南通仪创实验仪器有限公司）由萃取釜（1 L）、分离釜（2 只）、CO_2 高压泵、夹带剂泵、制冷系统、CO_2 贮罐、换热系统、净化系统、流量计、温度控制系统、压力自控系统、安全保护装置、清洗系统等组成，系统的温度、压力参量可通过计算机设置或手动调节。最大排量为 50 L/min，最大压力为 50 bar，最高温度为 85℃。其他仪器包括电子天平［ME104T，赛多利斯科学仪器（北京）有限公司］、高速多功能粉碎机（DFY-400C，上海利闻科学仪器有限公司）、台式高速离心机（TG16-WS，长沙维尔康湘鹰离心机有限公司）、旋转蒸发仪［IKA RV8 V，艾卡（广州）仪器设备有限公司］、电热恒温鼓风干燥箱（101A-3，上海索域试验设备有限公司）、气相色谱联用（Agilent6890-5973，苏州安捷伦精密机械有限公司）、紫外分光光度计［UV-1800，岛津仪器（苏州）有限公司］、超声波清洗器（KQ3200E，昆山市超声仪器有限公司）、恒温水浴锅（HH-6，上海一科仪器有限公司）。

9.2.1.2　主要试剂

防城港金花叶（广西国茗金花茶科技有限公司）；单硬脂酸甘油酯、聚山梨酯 -80、L- 抗坏血酸、司盘 -80、角鲨烷、曲酸等均购自阿拉丁化学试剂（上海）有限公司，分析纯；对比用防晒隔离乳（妮维雅）、玻尿酸原液、白蜂蜡、大孔树脂（XAD-4）等其他实验原材料以及乙醚、乙醇等溶剂则购自韶关市威尔生物科技有限公司。

9.2.1.3　主要研究方法

（1）金花茶叶天然精油萃取。将金花茶叶冷冻干燥后切片，粉碎成金花茶叶粗粉，用 40 目筛子过筛，得筛选后的金花茶叶细粉；随后选用超临界流体二氧化碳进行精油萃取，经反复实验，得到金花茶叶天然精油的最佳萃取条件如下：流体萃取压力为 19.2 MPa，萃取温度为 50℃，流体流量为 750 L /h，向萃取釜中以 0.08 L/h 的速度加入质量浓度 75% 的甲醇夹带剂，萃取时间为 2.0 h，然后在分离罐中以温度为 25℃、压力为 7 MPa 的条件分离出二氧化碳，得到含金花茶天然精油活性成分的溶液；紧接着将上述金花茶天然精油溶液减压蒸馏，蒸去夹带剂，得到淡黄色金花茶精油粗取物；应用大孔树脂（XAD-4）对上一步制备的金花茶天然精油粗提物进行纯化，洗脱液为 70% 乙醇，流速为 1.0 BV/h，时间为 2.0 h，至流出液清澈，收集从大孔树脂柱中流出的澄清、透明的洗脱液，旋转蒸发除去洗脱液中溶剂，得纯化后的金花茶天然精油提取物。

（2）金花茶天然精油面霜制备。油相：金花茶天然精油 9.8%、硬脂酸异辛酯 3.1%、角鲨烷 2.9%、棕榈酸异丙酯 2.6%、液体石蜡 4.2%、白蜂蜡 2.3%、单硬脂酸甘油酯 2.9%，神经酰胺 0.5%；水相：甘油 6.1%、透明质酸钠 1.5%、银耳多糖 1%、卡波 940 0.5%、三乙醇胺 0.7%、聚山梨酯 -80 2.1%、司盘 -80 2%、吡咯烷酮羧酸乳酸钠 0.5%、乙二胺四乙酸二钠 0.02% 、去离子水。添加剂：木质素 0.1%，薄荷醇邻氨基苯甲酸酯 0.1%，甲酚曲唑三硅氧烷 0.1%，Ⅰ型胶原蛋白 0.1%、玻尿酸原液 0.1%、泛醇 0.1%、维生素 C 适量、香精适量、防腐剂适量。将上述配方中的油相成分混合加热至 70 ～ 75℃，搅拌成均相，保持恒温，用灭菌锅灭菌 25 min，另将水相组分溶于水中一起加热至 70 ～ 75℃，搅拌成均相，维持恒温，用来菌锅灭菌 25 min，将均相后的水相逐渐加入恒温、灭菌，且搅拌状态下的油相，制备 O/W 乳膏，搅拌冷却至 45℃，加入上述添加剂，搅拌状态下混合均匀后，再持续搅拌 15 min，冷却至室温，灭菌，封瓶包装并进行二次灭菌形成成品。本书研发的基于金花茶天然精油的面霜样品如图 9-3 所示。

图 9-3　本书研发的基于金花茶天然精油的面霜样品

9.2.2　结果与讨论

9.2.2.1　金花茶天然精油面霜的配方研究

下面根据金花茶天然精油面霜各原料比例的不同设计 15 种配方，对每一个配方所成面霜的外观、细腻性、涂抹性及稳定性做出比较，进行感官评价并给出适当评分。同时，在适当的时候通过离心实验测其稳定性，根据其油水分离情况进行评分，找出面霜的最优配方。根据《润肤膏霜》(QB/T 1857—2013)《护肤乳液》(GB/T 29665—2013) 等国家标准中规定的各项指标，对各样品进行评分。结果表明，样品成分为金花茶天然精油为 9.8%、聚山梨酯 -80 为 2.1% 的配方是最高分，因此可确定该配方为最优方案，如表 9-6 所示。

表9-6　金花茶天然精油面霜不同配方评分研究

实验序号	评分项目				综合评分（10 分）
	外观（2 分）	细腻性（3 分）	涂抹性（2 分）	稳定性（3 分）	
1	1.6	2.3	1.3	2.1	7.3
2	1.6	2.5	1.5	2.3	7.9
3	1.5	2.0	1.4	2.1	7.0
4	1.6	1.6	1.3	1.8	6.3
5	1.7	2.4	1.4	2.1	7.6

续 表

实验序号	评分项目				综合评分（10分）
	外观（2分）	细腻性(3分)	涂抹性(2分)	稳定性(3分)	
6	1.6	2.4	1.5	2.2	7.7
7	1.6	1.9	1.4	2.0	6.9
8	1.6	1.7	1.2	1.8	6.3
9	1.7	2.5	1.4	2.0	7.6
10	1.5	2.3	1.4	1.9	7.1
11	1.6	2.0	1.3	1.9	6.8
12	1.5	1.8	1.3	1.7	6.3
13	1.5	2.4	1.3	1.9	7.1
14	1.7	2.6	1.5	2.4	8.2
15	1.7	1.9	1.4	1.9	6.9

9.2.2.2 金花茶天然精油面霜质量检测

根据国家标准或行业标准中规定的各项指标对本工作所开发的金花茶天然精油面霜进行质量检测。具体包括以下几个方面。

（1）感官性能评定：取金花茶天然精油面霜，在室温和光线充足的情况下放置观察是否细腻、色泽是否光亮、是否有异味。

（2）pH 测定：取样品 2 g，加去离子水 20 mL 使样品溶解，超声震荡 15 min 至分散均匀。取出溶液用已校正的 pH 计测定其 pH，要求面霜的 pH 为 5 ～ 7。

（3）离心试验：取离心管，装入一定量的样品，于 2 500 r/min 下离心 30 min，油水不分离为合格。

（4）耐热试验：将霜体于（40 ± 2）℃的恒温箱中放置 24 h，恢复至室温，无油水分离为合格。

（5）耐寒试验：将霜体于（−10 ± 2）℃的冰箱中放置 24 h，恢复至室温，无油水分离为合格。

本工作所研制的金花茶天然精油面霜膏体细腻，清香无异味，离心试验、耐热试验、耐寒试验均较为理想，符合国家级行业标准相关要求。金花茶天然精油面霜的质量检测结果如表 9-7 所示。

表9-7　金花茶天然精油面霜的质量检测结果

样品	感官性能	pH	离心试验	耐热试验	耐寒试验
金花茶天然精油面霜	霜体细腻，雪白，色泽光亮，清香无异味	6.35	油水不分离	油水不分离	油水不分离

9.2.2.3　金花茶天然精油面霜抗紫外性能测定

本部分工作测试了本书研制的金花茶天然精油面霜产品抗长、中波紫外线的效果，并以某市售防晒隔离乳抗紫外线效果进行比较，用直观数据佐证、评价金花茶天然精油面霜的抗紫外效果。

在具体工作中，分别取本书制备的金花茶天然精油面霜样品及某市售防晒隔离乳 50 mg 于小烧杯中，加适量去离子水搅拌，随后转移至 50 mL 容量瓶中，经超声波震荡 25 min 至膏体分散均匀。实验中以去离子水做参比，用紫外分光光度计测定 280 ～ 400 nm 波长下的吸收光谱。

如图 9-4 所示，金花茶天然精油面霜的吸光度明显大于某市售防晒隔离乳的吸光度，可见本书研发的金花茶天然精油面霜的紫外吸收能力优于某市售防晒隔离乳。由此判断，本书研发的金花茶天然精油面霜具有一定的抗紫外能力，具有较好的市场开发前景。

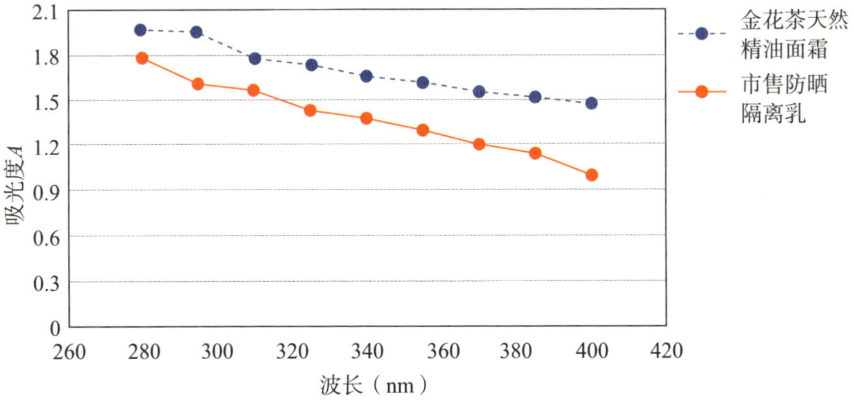

图 9-4　金花茶天然精油面霜样品及某市售防晒隔离乳对不同波长的吸光度

9.2.2.4 金花茶天然精油面霜保湿性能测定

下面通过比较金花茶天然精油面霜与某市售芦荟维 E 霜的保湿效果来确定金花茶天然精油面霜的保湿性能。

取金花茶天然精油面霜和某芦荟维 E 霜平铺于直径为 3 cm 的称量瓶底部，在 25℃条件下在相对湿度为 40% ± 2% 和 60% ± 2% 的环境中放置 6 h，每隔 1 h 称一次重量，记录各样品的重量变化，按公式（9-1）计算并比较保湿率：

$$保湿率=\frac{m_0-m_i}{m_0}\times 100\% \tag{9-1}$$

式中：m_0 为样品初始时的质量，即在实验开始时，金花茶天然精油面霜或芦荟维 E 霜的质量；m_i 为样品在特定时间 t 后的质量，即在实验过程中，经过一定时间后样品的质量。

由图 9-5、图 9-6 的数据可以看出，在相同温度不同湿度下，金花茶天然精油面霜的保湿能力略低于某市售芦荟维 E 霜。室温下，相对湿度为 40% 时，本书研发的金花茶天然精油面霜在 6 h 后保湿率为 71.3% 以上，而某市售芦荟维 E 霜保湿率则是 74.9%，显示本书研发的金花茶天然精油面霜在保湿性能上仍需进一步优化。但令人欣喜的是，不同时间段本书研发的金花茶天然精油面霜与某市售芦荟维 E 霜保湿率相差并不大，且在不同湿度下，本书研发的金花茶天然精油面霜 6 h 后保湿率均稳定在 70% 以上，充分显示了本书研发的金花茶天然精油面霜在保湿方面的较好潜力。

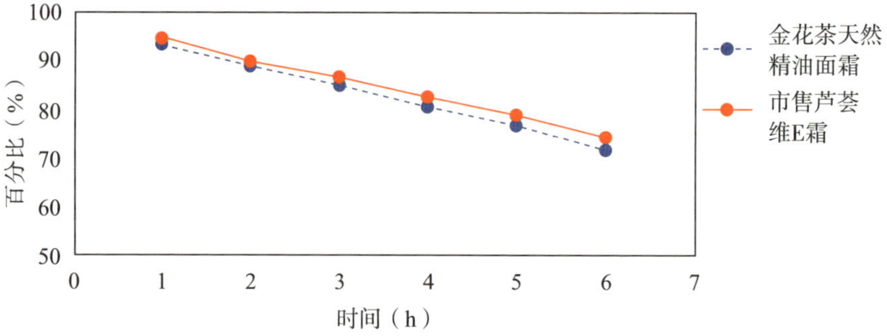

图 9-5 相对湿度 40%（25℃）两种面霜的保湿率与时间关系图

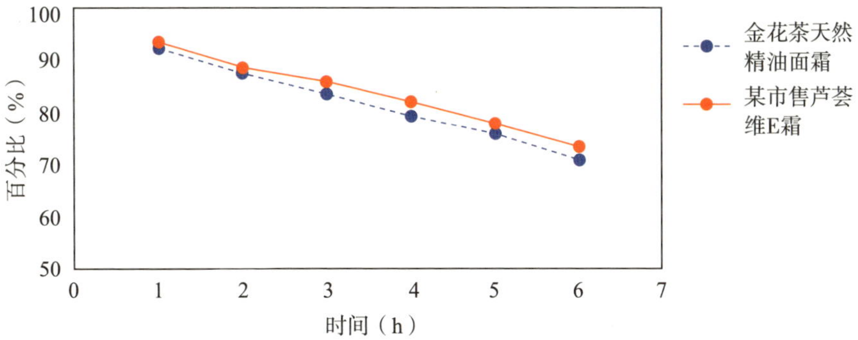

图 9-6　相对湿度 60%（25℃）两种面霜的保湿率与时间关系图

9.2.3　结论

本章采用价廉易得、深加工程度较低的金花茶叶为精油提取原料，可大幅降低产品加工成本，未来笔者将围绕抗紫外线和保湿等功效开展更深入的工艺研究及机理研究，以开发市场广泛认可的功能性金花茶天然精油面霜类产品，衍生金花茶产业链，提高其附加值。

第 10 章　金花茶萃取液低温灭菌技术研究

本章利用多级高缺陷氧化石墨烯灭菌筛网、氟化石墨烯氧化物灭菌柱、激光诱导石墨烯灭菌栅、超声波辅助石墨烯灭菌池等多级石墨烯灭菌技术对金花茶等山茶科植物萃取液进行低温灭菌，确保金花茶等山茶科植物萃取液的品质及口感。

不同工艺的金花茶萃取液作为半成品，可用于制备金花茶饮料、袋泡茶、冲剂、各类功能保健食品、药品等各类产品。显而易见，金花茶萃取液的品质对于后续不同功能产品至关重要。但在加工、生产过程中，金花茶萃取液必须通过高温灭菌环节才可以达到国家相关食品安全或卫生标准。但上述萃取液中含有茶多酚、B 族维生素、维生素 C、维生素 E、多种氨基酸、β－胡萝卜素等营养或风味物质，传统的高温灭菌或化学处理剂灭菌极易对金花茶萃取液中的上述营养或风味物质活性造成破坏，或导致化学试剂的残留，最终会使后续不同金花茶产品品质、口感或功效降低。因此，有必要开发一种低温条件下灭菌效果好，且对产品品质或功效影响小的绿色环保的金花茶萃取液灭菌工艺。

石墨烯尤其是氧化石墨烯表面具有独特的特性，可以有效杀灭细菌或抑制细菌生长。通过强氧化剂或强作用力（如激光照射、等离子体等）制备的氧化石墨烯不仅能有效减小其尺寸，还会导致所制备高缺陷氧化石墨烯表面缺陷增多，形成多个不规则柱状或针尖状突起物，进而导致细胞内含物的外泄及细菌死亡。这种方法制备得到的氧化石墨烯的灭菌效果比常规 Hummers 法制备的氧化石墨烯更优。

氟化石墨烯因具有独特的碳氟键而成为二维纳米功能材料领域重要的研究热点。碳氟键本身具有较好的灭菌效果，而氟化石墨烯氧化物作为氟化石墨烯的前体，其在灭菌效果上兼具了碳氟键和氧化石墨烯二者各自灭菌优势，并具有叠加效果。一些石墨烯纳米复合材料（如激光诱导石墨烯、石墨烯－银粒子纳米复合材料等）也在灭菌方面具有优异效果。笔者充分利用石墨烯的上述特点，并将其应用到金花茶或其他山茶科植物萃取液灭菌工艺中。

本部分工作的目的是通过以下技术方案开发一种金花茶萃取液石墨烯低温灭菌装置及方法，如图 10-1 所示。

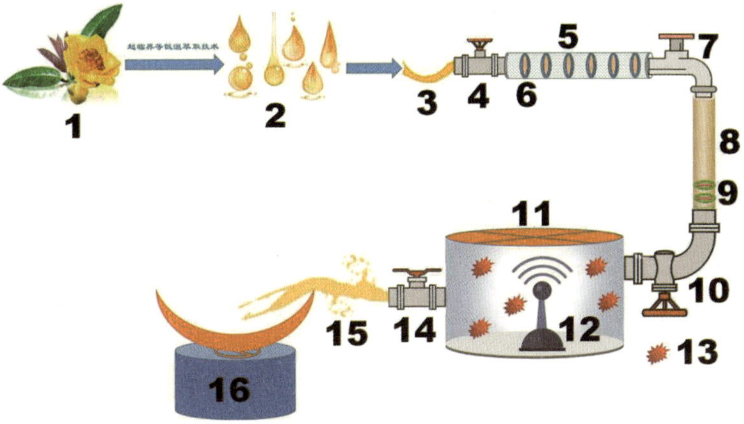

1—金花茶原料；2—金花茶低温萃取工艺；3—金花茶萃取液；4—萃取液泵入阀（含动力装置）；5—石墨烯第一级灭菌柱；6—多级高缺陷氧化石墨烯灭菌筛网；7—阀门 2；8—氟化石墨烯氧化物灭菌柱；9—激光诱导石墨烯灭菌栅；10—阀门 3；11—超声波辅助石墨烯灭菌池；12—超声波发生器；13—石墨烯灭菌剂；14—阀门 4；15—多级灭菌后金花茶（或茶）萃取液；16—灭菌后金花茶（或茶）萃取液集存装置。

图 10-1　一种金花茶萃取液石墨烯低温灭菌装置及方法示意图

金花茶低温萃取工艺：金花茶花、叶、果等不同部位经超临界二氧化碳萃取、分子蒸馏等低温萃取工艺萃取得到金花茶等山茶科植物萃取液，并由萃取液泵入阀（含动力装置）导入石墨烯第一级灭菌柱中。石墨烯第一级灭菌柱材质可以为不锈钢、陶瓷、玻璃、高分子材料等。

多级高缺陷氧化石墨烯灭菌筛网，第一级灭菌柱沿水流方向依次设置

3～15级高缺陷氧化石墨烯灭菌筛网。多级高缺陷氧化石墨烯灭菌筛网网格目数依次递增，可根据萃取液参数和性质进行调节。筛网网格目数范围为10～10 000。多级高缺陷氧化石墨烯灭菌筛网可通过直接在相关尺寸筛网上形成0.01～0.8 μm的高缺陷氧化石墨烯涂层制备而成。筛网材质可以为不锈钢、陶瓷、玻璃、高分子材料（聚偏氟乙烯、聚四氟乙烯、聚醚醚酮中的任何一种）等。目前可通过高缺陷氧化石墨烯掺杂聚偏氟乙烯、聚四氟乙烯、聚醚醚酮中的任何一种构建纳米复合材料，以制备石墨烯增强高分子筛网，其中高缺陷氧化石墨烯的掺杂比例为2.5%～25%，最优化掺杂比例为8%。

氟化石墨烯氧化物灭菌柱与石墨烯第一级灭菌柱（含多级高缺陷氧化石墨烯灭菌筛网）通过萃取液泵入阀门2连接。氟化石墨烯氧化物灭菌柱内部填充有大比表面氟化石墨烯氧化物，该氧化物兼具氟化物和石墨烯氧化物二者的灭菌特性，并具有叠加效应。氟化石墨烯氧化物用100～325目的再生纤维布或玻璃纤维布包裹。氟化石墨烯氧化物的原料及其透射电镜如图10-2所示。所述氟化石墨烯氧化物灭菌柱外壳材质可以为不锈钢、陶瓷、玻璃、高分子材料（聚偏氟乙烯、聚四氟乙烯、聚醚醚酮中的任何一种）等。

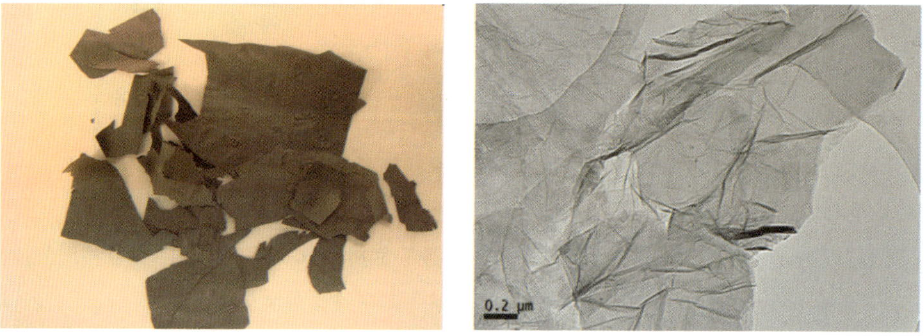

图10-2　所制备的氟化石墨烯氧化物原料（左图，氟掺杂比例可调，本例中为0.25）及其透射电镜图（右图）

氟化石墨烯氧化物灭菌柱末端设置有3～8级激光诱导石墨烯灭菌栅。激光诱导石墨烯具有优异的灭菌效应，可以进一步对金花茶萃取液中的残留细菌进行灭活。激光诱导石墨烯灭菌栅尺寸由小到大依次排列，且尺寸可调，目数范围为10～10 000。

10.1　防城金花茶萃取液低温来菌实例

防城金花茶花朵经前处理及超临界二氧化碳萃取低温萃取工艺萃取得到金花茶花朵萃取液，并由萃取液泵入阀（含蠕动泵）导入石墨烯第一级灭菌柱中。石墨烯第一级灭菌柱的材质为不锈钢。该石墨烯第一级灭菌柱中设置有 8 级高缺陷氧化石墨烯灭菌筛网。这 8 级高缺陷氧化石墨烯灭菌筛网的目数依次为 20 目、60 目、170 目、400 目、650 目、1 100 目、2 000 目、5 000 目，材质为聚四氟乙烯。8 级高缺陷氧化石墨烯灭菌筛网可通过直接在相关尺寸筛网上形成 0.1 μm 的高缺陷氧化石墨烯涂层制备而成。高缺陷氧化石墨烯由氢等离子体处理 Hummers 法制备的氧化石墨烯得到，掺杂比例为 8%。

经石墨烯第一级灭菌柱（含 8 级高缺陷氧化石墨烯灭菌筛网）灭菌处理后的防城金花茶萃取液经阀门 2 进入氟化石墨烯氧化物灭菌柱。氟化石墨烯氧化物灭菌柱内部填充有大比表面氟化石墨烯氧化物（氟掺杂比例为 0.25），该纳米材料兼具有氟化物和石墨烯氧化物各自灭的菌特性，并具有叠加效应。氟化石墨烯氧化物用 170 目的玻璃纤维布包裹。氟化石墨烯氧化物灭菌柱外壳材质为陶瓷。

氟化石墨烯氧化物灭菌柱末端设置有 5 级激光诱导石墨烯灭菌栅。激光诱导石墨烯具有优异的灭菌效应，能够进一步对防城金花茶萃取液中的残留细菌进行灭活。激光诱导石墨烯灭菌栅尺寸由小到大依次排列，目数范围依次为 10 目、35 目、100 目、200 目、325 目。激光诱导石墨烯灭菌栅采用氧化银 - 激光诱导石墨烯纳米复合材料在陶瓷表面形成 0.08 μm 纳米涂层制备而成。

经过氟化石墨烯氧化物灭菌柱、5 级激光诱导石墨烯灭菌栅灭菌后的防城金花茶萃取液经阀门 3 进入超声波辅助石墨烯灭菌池。超声波可辅助灭菌，且能耗低、时间短。防城金花茶萃取液进入超声波辅助石墨烯灭菌池后，控制在 800 W 功率超声灭菌 20 min。

与超声波协同灭菌的石墨烯光灭菌剂采用的是氧化石墨烯 / 银纳米颗粒复

合材料，通过超声波发生器的不断协同灭菌及扰动效应，对防城金花茶萃取液中的残留细菌及寄生虫卵进行灭杀，达到进一步深度灭菌效果。

经超声波辅助石墨烯灭菌池灭菌后，防城金花茶萃取液经阀门 4 导出，由灭菌后防城金花茶萃取液集存装置收集并储存。该集存装置设有导引及封存结构，并有惰性气体保护，直至后续产品开发、生产使用。

10.2 簇蕊金花茶蒸馏液低温灭菌实例

簇蕊金花茶叶经前处理及分子蒸馏工艺得到簇蕊金花茶叶蒸馏液并由萃取液泵入阀（含微型隔膜泵）导入石墨烯第一级灭菌柱中。该灭菌柱材质为陶瓷，其中设置有 6 级高缺陷氧化石墨烯灭菌筛网。这 6 级高缺陷氧化石墨烯灭菌筛网的目数依次为 50 目、120 目、325 目、540 目、900 目、1 600 目。筛网材质为聚醚醚酮，可通过直接在相关尺寸筛网上形成 0.02 μm 的高缺陷氧化石墨烯涂层制备而成。高缺陷氧化石墨烯由在过量强氧化剂（$KMnO_4$、H_2SO_4、H_2O_2 等）条件下经过改进型 Hummers 法制备的氧化石墨烯得到，高缺陷氧化石墨烯的掺杂比例为 6%。

经石墨烯第一级灭菌柱（含 6 级高缺陷氧化石墨烯灭菌筛网）灭菌处理后的簇蕊金花茶叶蒸馏液经阀门 2 进入氟化石墨烯氧化物灭菌柱。氟化石墨烯氧化物灭菌柱内部填充有大比表面的氟化石墨烯氧化物（氟掺杂比例为 0.5），兼具有氟化物和石墨烯氧化物的灭菌特性，并具有叠加效应。氟化石墨烯氧化物用 120 目的玻璃纤维布包裹，外壳材质为钢化玻璃。

氟化石墨烯氧化物灭菌柱末端设置有 4 级激光诱导石墨烯灭菌栅，激光诱导石墨烯具有优异的灭菌效应，可以进一步对簇蕊金花茶叶蒸馏液中的残留细菌进行灭活。这 4 级激光诱导石墨烯灭菌栅的尺寸由小到大依次排列，目数依次为 20 目、80 目、170 目、400 目。激光诱导石墨烯灭菌栅采用氧化锌－激光诱导石墨烯纳米复合材料在聚醚醚酮高分子材料表面形成 0.05 μm 纳米涂层制备而成。

经过氟化石墨烯氧化物灭菌柱、4级激光诱导石墨烯灭菌栅灭菌后的簇蕊金花茶叶蒸馏液经阀门3进入超声波辅助石墨烯灭菌池。超声波可辅助灭菌，且能耗低、时间短。簇蕊金花茶叶蒸馏液进入超声波辅助石墨烯灭菌池后，控制在1 000 W功率超声灭菌30 min。

与超声波协同灭菌的石墨烯光灭菌剂采用的是氧化石墨烯/γ-Fe_2O_3纳米复合材料，通过超声波发生器的不断协同灭菌及扰动效应，对簇蕊金花茶叶蒸馏液中的残留细菌及寄生虫卵进行灭杀，达到进一步深度灭菌效果。

经超声波辅助石墨烯灭菌池灭菌后，簇蕊金花茶叶蒸馏液经阀门4导出，由灭菌后簇蕊金花茶叶蒸馏液集存装置收集并储存。该集存装置设有导引及封存结构，并采用惰性气体保护，直至后续产品开发、生产使用。

第 11 章　总结与展望

金花茶是我国特有的珍稀植物，有“植物大熊猫”“茶族皇后”的美誉，除《本草纲目》有记载外，广东、广西《地方志》亦有记载，2020 年被列入第三批广东省扶贫产品名录（粤农扶办〔2020〕183 号），在两广地区具有深厚的民间传承底蕴。中华人民共和国国家卫生健康委员会（原卫生部）2010 年第 9 号文件批准金花茶、显脉旋覆花（小黑药）等 5 种物品为新资源食品。《关于加快推进保健食品化妆品检验检测体系建设的指导意见》（国食药监许〔2010〕410 号）鼓励开展保健食品及新资源食品新型检测技术研究，卫生健康委员会于 2006 年颁布《新资源食品管理办法》，鼓励加强新资源食品检测技术研究，加强对新资源食品的监督管理。

目前，国内外分布较广或已人工引种的金花茶品种包括防城金花茶、显脉金花茶及陇瑞金花茶等。然而，除了这些品种，众多其他金花茶品种分布区域极为有限，它们对土壤、环境等的要求极为严苛（大多分布于十万大山兰山支脉和广东粤北大庾岭一带海拔 150 ～ 500 m 酸性土杂木林或石灰岩钙质土杂木林中），人工繁育及引种困难。野生金花茶植株的数量日益稀少，有些品种在野外只发现几十株甚至几株。正因如此，金花茶被列入了《濒危野生植物种国际贸易公约》附录Ⅱ。岭南地区所拥有的这些珍贵而丰富的金花茶资源亟待人们开展深入的保护性科学研究，以确保其能够持续繁衍并延续其独特的生态价值。目前，传统金花茶成分表征技术在分析灵敏度、检测限、选择性以及实验结果重现性等方面存在一定局限性。以金花茶氨基酸成分为例，其成分复杂多样，部分品种甚至含有数十种氨基酸。这些氨基酸的结构和极性相近，导致在传统色谱法检测中，某些色谱峰的分离度较低，进而影响结果的准确性判断。同时，一些报道中的色谱或色谱 - 质谱联用技术往往需要事先进行萃取或分离，操作过程烦琐，变数众多，可能导致氨基酸的漏检现象。

在金花茶活性成分发现分离方面，现有技术大多采用溶剂浸提、超声波提取、柱层析或膜分离等工艺，这些工艺仍然可能存在溶剂残留、分离效率低、大孔吸附树脂或分离膜重复利用率不高等弊端或不足。而且，这些工艺样品用量不准确，资源消耗较大，不适用于金花茶活性成分高效分离研究。针对传统金花茶物质成分表征技术领域的不足，有必要结合现代分析技术，围绕化学计量学、传感器过程控制、自动化分析系统、微型化分析等分析前沿技术，发展高灵敏度（原子级、分子级）、高选择性（复杂体系分析）、自动化（计算机技术）、联用化（不同分析方法的联用）的金花茶高灵敏检测技术。针对溶剂残留、膜重复利用率低等弊端或不足，有必要结合现代分离技术，如固相萃取、固 - 液分离、纳滤、微滤或超滤、纳米材料（如石墨烯纳米材料）技术等实现金花茶活性成分的高效分离。因此，笔者计划通过多学科交叉合作，设计和构建新型微量、高灵敏的金花茶物质成分检测方法，包括选择性电化学传感器分析技术，以及活性物质的高效富集、分离、纯化等方法。这将有助于形成一套完整、高效的方法学体系，并推动相关机制研究的深入开展，具有重要的科学价值和实践意义。

由于经济及药用价值高，广西壮族自治区部分地区与广东地区纷纷引种金花茶各品种，形成了较好的经济及生态效益。但整体而言，目前国内金花茶产业精加工、深加工能力不足，绝大部分金花茶种植户、金花茶企业还停留在卖金花茶苗、金花茶花、金花茶叶等初级产品方面，种植户及金花茶企业创收有限，金花茶的价值未能充分体现出来，严重制约行业的快速发展。

基于此，人们应积极围绕珍稀金花茶资源的保护性利用展开有组织的科学研究，以保护我国约占全球 80% 的珍贵野生金花茶种质资源，同时可以激发学术界、产业界以及岭南金花茶产地民众对祖国的热爱和自豪感，增强他们对资源保护的意识，从而为金花茶资源的后续保护及可持续利用奠定坚实基础。

本专著首次应用以石墨烯纳米材料为新型基质的 MALDI-TOF MS 技术与

基于石墨烯新型纳米涂层的搅拌棒 SBSE-GC-MS 技术，高灵敏检测岭南金花茶（花叶果等不同部位）中的 *L*- 蛋氨酸、表儿茶素、异绿原酸、β - 谷甾醇等传统技术较难检出的天然痕量活性成分。这些技术均是首次应用到金花茶研究中，大幅提高了金花茶各类天然痕量活性成分检测灵敏度，降低了检测限，提高了结果的重现性。团队从谷壳等可再生资源出发，进行各类功能化修饰，制备出来的石墨烯功能化纳米材料在这些检测方法中扮演了重要角色。

参考文献

[1] 张宏达 . 中国植物志：第四十九卷第三分册 [M]. 北京：科学出版社，1998.

[2] 闵天禄,张文驹 . 山茶属古茶组和金花茶组的分类学问题 [J]. 云南植物研究，1993，15（01）：1–15.

[3] 胡先骕 . 雕果茶属：山茶科一新属 [J]. 植物分类学报，1965，10（01）：25–26.

[4] 陈瑶，龚苏晓，徐旭，等 . 金花茶化学成分和药理作用研究进展 [J]. 药物评价研究，2022，45（03）：575–582.

[5] 梁盛业，陆敏珠，黄晓娜 . 中国金花茶图谱 [M]. 北京：中国林业出版社，2012.

[6] 梁盛业 . 世界金花茶植物名录 [J]. 广西林业科学，2007，36（04）：221–223.

[7] LUONG V D，LUU H T，NGUYEN T Q T，et al.Camellia luteopallida（Theaceae），a new species from vietnam[J].Annales Botanici Fennici，2016，53：135–138.

[8] OREL G，WILSON P G，CURRY A S.Four new species and two new sections of Camellia （Theaceae） from Vietnam[J].Novon：A Journal for Botanical Nomenclature，2014，23（03）：307–318.

[9] 温静，梁伟，王欣晨，等 . 金花茶化学成分及抗炎抗氧化活性研究 [J]. 中国药物化学杂志，2020，160（08）：41–46.

[10] 程金生，韦卓恒，陈信炎．金花茶花朵总皂苷体外抗氧化实验研究 [J]. 中国民族民间医药，2016，25（10）：27–30.

[11] 韦璐，秦小明，林华娟，等．金花茶多糖的降血脂功能研究 [J]. 食品科技，2008（07）：253–255.

[12] 何进勇，邝新红，李征征，等．三种金花茶提取物降脂作用实验研究 [J]. 现代生物医学进展，2018，18（04）：644–647.

[13] ZHANG H L，WU Q X，WEI X，et al.Pancreatic lipase and cholesterol esterase inhibitory effect of *Camellia nitidissima* Chi flower extracts in vitro and in vivo[J].Food Bioscience，2020，37：100682.

[14] HOI Q V，TRUONG H T，UYEN N B，et al.Composition and Status of Some Endemic Sections of the Genus Camellia（Theaceae）in Vietnam[J]. Bulletin of Nizhnevartovsk State University，2022，4（60）：4–13.

[15] HẠ L H H，TRĨNH T T，NGỌC V T B，et al.Khảo sát mã vạch ADN và đặc điểm thực vật của trà Yok-Đôn（CAMELLIA YOKDONENSIS DUNG & HAKODA）họ trà（THEACEAE）[J].Tạp Chí Khoa Học Trường Đại Học Quốc Tế Hồng Bàng，2022：225–231.

[16] LUAN D T，CHEN T V，NGUYEN D，et al.Morphological, physicochemical, and phytochemical characterization of Camellia dormoyana（Pierre）Sealy from Vietnam[J].Biodiversitas Journal of Biological Diversity，2022，23（11）：5869–5883.

[17] AN N T G，CHAU D T M，HUONG L T，et al.Lipid peroxidation inhibitory and cytotoxic activities of two Camellia species growing wild in Vietnam[J].Pharmacognosy Magazine，2023，19（02）：385–399.

[18] CHINH N T，HUYNH M D，LIEN L T N，et al.Preparation and characterization of materials based on fish scale collagen and polyphenols extracted from Camellia chrysantha[J].Vietnam Journal of Science and Technology，2023，61（01）：72–83.

[19] VAN N T H，NGHI D H，BACH P C，et al.Triterpenoids from the leaves

of Camellia chrysantha growing in Quang Ninh （Vietnam） and their activities on main protease （Mpro） and ACE2[J].Vietnam Journal of Chemistry，2023，61：140–147.

[20] AN N T G，CHAU D T M，HUONG L T，et al.Lipid peroxidation inhibitory and cytotoxic activities of two Camellia species growing wild in Vietnam[J].Pharmacognosy Magazine，2023，19（02）：385–399.

[21] SOMSONG P，TIYAYON P，SRICHAMNONG W.Antioxidant of green tea and pickle tea product，miang，from northern Thailand[J].Acta Horticulturae, 2018（1210）：241–248.

[22] XIONG Y S，HIEU N，WEI Z D，et al.Rediscovery of Camellia tonkinensis（Theaceae）after More Than 100 Years[J].Plant Diversity and Resources， 2014（5）：585–589.

[23] CHENG H Z J .Amino Acid Detection from the Leaves of *Camellia nitidissima* Chi Using Novel Husk–Derived Graphene Nanoshuttles[J]. Nanoscience and Nanotechnology Letters，2017，9（11）：1742–1747.

[24] CHENG J S， ZHONG R M， LIN J J，et al.Linear Graphene Nanocomposite Synthesis and an Analytical Application for the Amino Acid Detection of *Camellia nitidissima* Chi Seeds[J].Materials，2017，10（4）：443.

[25] 程金生，万维宏，朱文娟，等 . 石墨烯 – 顶空搅拌棒联用技术检测金花茶中挥发油类成分 [J]. 现代化工，2015（07）：5.

[26] 程金生，万维宏，朱文娟，等 . 石墨烯 – 搅拌棒联用技术检测金花茶花朵中脂溶性活性成分 [J]. 化工新型材料，2015，43（05）：209–211，214.

[27] 周丰 . 石墨烯掺杂分子印迹氨基酸手性传感器的研制及其识别性能研究 [D]. 泉州：华侨大学，2012.

[28] CHENG J S， ZHONG S， WAN W H，et al.Novel Graphene/In_2O_3 Nanocubes Preparation and Selective Electrochemical Detection for L–Lysine of *Camellia nitidissima Chi*[J].Materials， 2020， 13（8）：1999.

[29]张睿，徐雅琴，时阳．黄酮类化合物提取工艺研究 [J]. 食品与机械，2003（01）：21–22.

[30]朱华，邹登峰，沈洁，等．金花茶醇提物对人低分化鼻咽癌 CNE–2 细胞增殖和周期的影响 [J]. 山东医药，2011，51（27）：19–21.

[31]韦锦斌，农彩丽，苏志恒，等．金花茶体外抗肿瘤活性及物质基础的初步研究 [J]. 中国实验方剂学杂志，2014，20（10）：169–174.

[32]韩宏裕，刘然义，黄文林．染料木黄酮对未分化鼻咽癌细胞株的增殖抑制作用 [J]. 实用医学杂志，2013，29（09）：1382–1385.

[33]湛志华．金花茶叶中黄酮成分的提取与分离 [D]. 桂林：广西师范大学，2006.

[34]莫昭展．崇左金花茶的氨基酸成分研究 [J]. 时珍国医国药，2013，24（06）：1385–1386.

[35]郭雪峰，岳永德．黄酮类化合物的提取・分离纯化和含量测定方法的研究进展 [J]. 安徽农业科学，2007（26）：8083–8086.

[36]诸葛纯英，关雄俊，李溪光．茶叶中锗元素分析 [J]. 广东微量元素科学，1998（03）：61–63.

[37]杨义钧 .3 种菊花茶中 6 种微量元素的初级形态及溶出特性研究 [J]. 光谱实验室，2009，26（04）：959–962.

[38]白吉庆，王小平，许建强．主成分分析用于太白药王茶中微量元素的含量 [J]. 陕西中医，2011，32（10）：1394–1397.

[39]黄启为，黎星辉，唐和平，等．古丈毛尖茶限制性微量元素含量的分析 [J]. 经济林研究，2001（04）：25–26.

[40]潘慧娟，王超英．我国不同产地苦丁茶中铅元素含量分析 [J]. 杭州师范学院学报（医学版），2008（04）：262–264.

[41]薛强．膜法污水深度处理回用技术的应用研究进展 [J]. 铁路节能环保与安全卫生，2016，6（02）：64–68.

[42]程金生，韦卓恒，陈信炎，等．金花茶花朵总皂苷体外抗氧化实验研究 [J]. 中国民族民间医药，2016，25（10）：27–30.

[43] 程金生，徐平英，万维宏，等 . 黑老虎抗氧化冲剂研究 [J]. 广东化工，2020，416（06）：39–40.

[44] 程金生，李舒雅，万维宏，等 . 凹脉金花茶冲剂抗氧化活性研究 [J]. 广州化工，2020，48（14）：3.

[45] 李紫微，梁钰，陈晓曼，等 . 二苯乙烯化合物的提取工艺优化及其酪氨酸酶抑制活性 [J]. 现代食品科技，2022，38（01）：10.

[46] CHENG J S，ZHU W J， WAN W H，et al.Intervention of rhynchophylline on the learning and memory abilities of a dementia mouse model[J].China Modern Doctor， 2016， 34（6）：1211–1217.

[47] 程金生，黄靖瑜，钟瑞敏，等 . 金樱子降脂泡腾片研制及其降血脂功效研究 [J]. 韶关学院学报，2018，39（09）：66–70.

[48] 詹好婕 . 双金花茶和归芪补血口服液抗 HIV–1 作用及机制研究 [D]. 南宁：广西医科大学，2022.

[49] 熊思渊 . 绿原酸对脂多糖诱导的神经炎症致小鼠认知功能障碍的影响及机制研究 [D]. 石河子：石河子大学，2023.

[50] 刘佳丽，张石蕾，胡君萍，等 . 肉苁蓉复方咀嚼片制备工艺及质量控制的研究 [J]. 西北药学杂志，2024，39（02）：99–106.

[51] 李丽静，王继彦，王岩，等 . 返魂草提取物及其有效成分抗病毒作用的研究 [J]. 中国中医基础医学杂志，2005（08）：585–587.

[52] 程金生等 . 基于金花茶天然精油的抗紫外，保湿面霜研究 [J]. 广州化工，2021，49（15）：86–88，140.

[53] 程金生，陈楚茹，曾雪琪，等 . 金花茶果核油沐浴露的研制及其抗菌试验研究 [J]. 广东化工，2021，14：69–71.

[54] ZOU X，ZHANG L，WANG Z，et al.Mechanisms of the Antimicrobial Activities of Graphene Materials[J].J.Am.Chem.Soc.，2016，138（07）：2064–2077.

[55] PERREAULT F，TOUSLEY M E，ELIMELECH M.Thin–Film Composite Polyamide Membranes Functionalized with Biocidal Graphene Oxide Nanosheets[J].Environ.Sci.Technol.Lett.，2014，1（1）：71–76.

[56] 曹忆梦，吴氢凯 . 石墨烯、石墨烯衍生物及其复合材料在组织工程中的应用进展 [J]. 上海交通大学学报（医学版），2017，37（01）：110–113.

[57] SINGH S P，LI Y，BE–ER A，et al.Laser–Induced Graphene Layers and Electrodes Prevents Microbial Fouling and Exerts Antimicrobial Action[J]. ACS Appl.Mater.Interfaces，2017，9（21）：18238–18247.

附　录

笔者就本专著的相关工作申请了专利、发表了论文，还获得了一些奖项，具体如下。

1. 具有代表性的国外专利

（1）ChengJinsheng（程金生），Method for stepwise separating amino acid active ingredients of Camellianitidissima Chi（金花茶氨基酸分离），美国专利，公开号 US9802892，公开日 2017-10-31。

（2）ChengJinsheng（程金生），Extraction separation method of aflavone component based on graphene（基于石墨烯技术的金花茶黄酮类物质分离），美国专利，公开号 US9896426，公开日 2018-02-20。

（3）ChengJinsheng（程金生），Method for preparing a *Camellia Nitidissima* Chi lipid-lowering and Hypoglycemic agent（金花茶降血脂制剂制备），美国专利，公开号 US10086032，公开日 2018-10-02。

（4）ChengJinsheng（程金生），Method for separating flavonoid substances in *Camellia Nitidissima* Chi based on a magneticnanoparticles-PAMAM nano composites（基于树状大分子材料的金花茶活性成分分离技术），美国专利，公开号 US10479774，公开日 2019-11-19。

（5）ChengJinsheng（程金生），Drug Releasing Agent Based on Beta-Sitosterol and a Preparation Method Thereof（基于 β-谷甾醇的药物脱模剂及其制备方法），美国专利，公开号 US2016143918，公开日 2016-05-26。

（6）ChengJinsheng（程金生），Drug Sustained Release Agent Based on

Oleanolic Acid Anda Preparation Method Thereof（一种基于齐墩果酸的药物缓释剂及其制备方法），美国专利，公开号 US2016144040，公开日 2016-05-26。

（7）ChengJinsheng（程金生），Drinking Water Filtration Device And Filtration Method Based On Graphene Technologies（基于石墨烯技术的饮用水过滤装置及过滤方法），美国专利，公开号 US2019070533，公开日 2019-03-07。

（8）ChengJinsheng（程金生），Multi-Stage Medical Sewage Sterilization Device And Mthod Based On Graphene Nano Technologies（基于石墨烯纳米技术的多阶段医用污水杀菌装置），美国专利，公开号 US2019382296，公开日 2019-12-19。

（9）ChengJinsheng（程金生）、WanWeihong（万维思），Theaflavins extracted from Camellianitidissima Medicament for resisting novel corona virus and Preparation Methodand Application（从山茶中提取的茶黄素及其抗新型冠状病毒的药剂及其制备方法和应用），英国专利，专利号 GB2594793，日期 2022-6-15。

（10）ChengJinsheng（程金生）、WanWeihong（万维宏）,Oral Preparation for Preventing the Novel Corona virus and Preparation Method and Application（预防新型冠状病毒的口服制剂及其制备方法和应用），英国专利，专利号 GB2594792，日期 2023-9-27。

（11）ChengJinsheng（程金生）、MiaoJianyin（苗建银）、ZhongLanzhao（钟兰照）、LanYaqi（兰雅琪）、ZengXueqi（曾雪琪）、KeJinying（柯锦滢），Low-temperature sterilization method and device for liquid substances such as Theaceae plant extracts based on graphene nanomaterials（基于石墨烯纳米材料的茶科植物提取物等液体物质低温杀菌方法及装置），澳大利亚专利，公开号 AU2021102534，公开日 2021-07-01。

（12）ChengJinsheng（程金生）、ZhongLanzhao（钟兰照）、DengYonghui（邓勇辉）、ChenXiaoyuan（陈晓院）、ZhiJianying（植键莹）、KeJinying（柯锦滢）, *Camellia nitidissima* C.W.Chi Caffeine and Chlorogenic acid composition for anti-2019-nCoV and preparation method and application thereof（金花茶抗病毒制剂制备），澳大利亚专利，公开号 AU2021103579，公开日 2021-08-12。

2. **具有代表性的国内发明专利**

（1）程金生，一种金花茶油类挥发成分检测方法，发明专利，授权公告号 CN104458939A，授权公告日 2016-05-18。

（2）程金生，一种应用于金花茶氨基酸活性成分的梯次分离方法，发明专利，授权公告号 CN104447155B，授权公告日 2016-04-27。

（3）程金生，一种基于氨基化石墨烯的黄酮类成分提取分离方法，授权公告号 CN104496956B，授权公告日 2016-04-13。

（4）程金生，基于磁性纳米粒子 -PAMAM 纳米复合材料的金花茶中黄酮类物质分离方法，发明专利，授权公告号 CN104492393B，授权公告日 2016-11-09。

（5）程金生，一种基于复合纳滤膜的金花茶中金属元素富集分离方法，发明专利，申请公布号 CN104472771A，申请公布日 2015-04-01。

（6）程金生，一种应用于金花茶茶多酚、黄酮类成分检测的测试方法，发明专利，授权公告号 CN104458975B，授权公告日 2017-02-08。

（7）程金生，一种基于石墨烯纳米材料的植物萃取液等液体物质的低温灭菌方法和装置，发明专利，授权公告号 CN110812518B，授权公告日 2021-03-12。

（8）程金生，一种基于复合纳滤膜的山茶科植物茶中金属元素富集分离方法，发明专利，授权公告号 CN104472771B，授权公告日 2017-10-20。

（9）程金生，一种基于石墨烯纳米材料的同步检测六种黄曲霉素的方法以及搅拌棒，发明专利，授权公告号 CN110824024B，授权公告日 2022-07-22。

（10）程金生，一种金花茶中黄酮类物质对鼻咽癌作用有效位点的筛选方法，发明专利，申请公布号 CN104480183A，申请公布日 2015-04-01。

（11）程金生，一种金花茶降脂降糖制剂的制备方法，发明专利，申请公布号 CN104383123A，申请公布日 2015-03-04。

（12）程金生，一种茶、金花茶中茶多酚对食道癌标志物的筛选方法，发明专利，申请公布号 CN104450854A，申请公布日 2015-03-25。

（13）程金生，一种基于 β－谷甾醇的药物缓释剂及其制备方法，发明专利，申请公布号 CN104474553A，申请公布日 2015-04-01。

（14）程金生，一种基于齐墩果酸的药物缓释剂及其制备方法，发明专利，申请公布号 CN104623681A，申请公布日 2015-05-20。

（15）程金生、万维宏，一种抗新型冠状病毒的金花茶咖啡碱、绿原酸组合物及其制备方法和应用，发明专利，申请公布号 CN111450100A，申请公布日 2020-07-28。

（16）程金生、万维宏，一种抗新型冠状病毒的金花茶茶黄素药剂及其制备方法和应用，发明专利，申请公布号 CN111406755A，申请公布日 2020-07-14。

（17）程金生、万维宏，一种预防新型冠状病毒肺炎的金花茶 L- 茶氨酸口服剂及其制备方法和应用，发明专利，申请公布号 CN111437245A，申请公布日 2020-07-24。

（18）程金生、鄢红华、李洪锋，一种金花茶冲剂及其制备方法，发明专利，申请公布号 CN111097006A，申请公布日 2020-05-05。

（19）程金生，基于石墨烯材料的 L- 赖氨酸电化学传感器及其制备方法，发明专利，申请公布号 CN108051490A，申请公布日 2018-05-18。

（20）程金生、林森森、杨立翔、严咏彤、曾雪琪、吴茵茵、林家俊、伍可欣、彭蕴琳、王浩丞、吴诗妍、郑少婷、张誉铃、林婉琪，一种金花茶叶多级一体化生产设备，发明专利，申请公布号 CN116172091A，申请公布日 2023-05-30。

（21）杨伟良、程金生、李莹、温海辉、万维宏、曾雪琪，高山古树茶茶多酚提取纯化技术及抗氧化冲剂的制备工艺，发明专利，申请公布号 CN111184097A，申请公布日 2020-05-22。

（22）杨伟良、程金生、李莹、温海辉、万维宏、曾雪琪，高山古树茶皂苷石墨烯分离技术及抗氧化含片的制备工艺，发明专利，申请公布号 CN111213754A，申请公布日 2020-06-02。

（23）杨伟良、程金生、李莹、温海辉、万维宏、曾雪琪，一种具有高茶类脂含量的高山古树茶速溶片及其制备方法，发明专利，申请公布号CN111184098A，申请公布日 2020-05-22。

3. 具有代表性的国内实用新型专利

（1）程金生、杨立翔、陈晓远、肖正中、林淼森、吴培源、钟兰照、周小伟、林家俊、詹凌锐、严咏彤、王浩丞、彭蕴琳，一种金花茶含片生产用过滤混合设备，实用新型专利，授权公告号 CN217989174U，授权公告日 2022-12-09。

（2）程金生、杨立翔、陈晓远、肖正中、林淼森、吴培源、钟兰照、周小伟、林家俊、詹凌锐、严咏彤、王浩丞、彭蕴琳，一种金花茶口服液用灌装设备，实用新型专利，授权公告号 CN217893291U，授权公告日 2022-11-25。

（3）程金生、杨立翔、陈晓远、肖正中、林淼森、吴培源、钟兰照、周小伟、林家俊、詹凌锐、严咏彤、王浩丞、彭蕴琳，一种金花茶发酵茶的加工装置，实用新型专利，授权公告号 CN218942185U，授权公告日 2023-05-02。

（4）林淼森、程金生、杨立翔、严咏彤、曾雪琪、吴茵茵、林家俊、伍可欣、彭蕴琳、王浩丞、吴诗妍、郑少婷、张誉铃、林婉琪，一种金花茶加工用清洗装置，实用新型专利，授权公告号 CN219880702U，授权公告日 2023-10-24。

（5）林淼森、程金生、杨立翔、严咏彤、吴茵茵、伍可欣、彭蕴琳、王浩丞、曾雪琪、吴诗妍、郑少婷、张誉铃、林婉琪，一种金花茶加工用脱水装置，实用新型专利，授权公告号 CN218936911U，授权公告日 2023-04-28。

4. 具有代表性的前期英文论文

（1）作者为 ChengJinsheng、ZhongSheng、WanWeihong、ChenXiaoyuan、ChenAli、ChengYing，篇名为“Novel Graphene/In_2O_3 Nanocubes Preparation and Selective Electrochemical Detection for L-Lysine of Camellian itidissima Chi”，期刊名为 *Materials*，2020 年，13 卷，1999 页。

（2）作者为 ChengJinsheng、ZhongRuimin、LinJiajian、ZhuJianhua、Wan-Weihong、ChenXinyan，篇名为“Linear Graphene Nanocomposite Synthesis and an Analytical Application for the Amino Acid Detection of Camellian itidissima Chi Seeds”，期刊名为 *Materials*，2017 年，10 卷，4 期，443 页。

（3）作者为 ChengJinsheng、ZhongRuimin、WanWeihong、LiHongfeng、ZhuJianhua，篇名为 “Amino acid detection from the leaves of *Camellia nitidissima* Chiusing novel husk-derived graphene nanoshuttles”，期刊名为 *Nanoscience-and Nanotechnology Letters*，2017 年，9 卷，11 期，1742-1747 页。

（4）作者为 GuoJiebiao、WeiTailong、HeQinghua、ChengJinsheng、QiuXiuzhen、LiuWangpei、LanXianquan、ChenLufen、GuoMin，篇名为 “A magnetic-separation-based homogeneous immunosensor for the detection of deoxynivalenol coupled with a nano-affinity cleaning up for LC-MS/MS confirmation”，期刊名为 *Food and Agricultural Immunology*，2021 年，32 卷，1 期，204-220 页。

（5）作者为 ChengJinsheng、WanWeihong、ZhuWenjuan，篇名为 “One-Pot Solvothermal Synthesis of TiO_2 Nanobelt/Graphene Composites for Selective Renal Cancer Cells Destruction”，期刊名为 *Chinese Journal of Chemistry*，2016 年，34 卷，1 期，53-58 页。

（6）作者为 ChengJinsheng、ZhuWenjuan、WanWeihong、ChenXinyan、ZhangZhishun，篇名为 “Intervention of rhynchophylline on the learning and memory abilities of a dementia mouse model”，期刊名为 *Latin American Journal of Pharmacy*，2015 年，34 卷，6 期，1211-1217 页。

（7）作者为 ChengJinsheng、LiangQingqin、Chang、Haixin、XuJing-ying、ZhuWenjuan，篇名为 “Redox approaches derived Tin（IV）oxide nanoparticles/graphene nanocomposites as the near-infraredabsorber for selective human prostate can cer cells destruction”，期刊名为 *Nano Biomedicine and Engineering*，2012 年，4 卷，2 期，76-82 页。

（8）作者为 DongXiaoli、ChengJinsheng、LiJinghong、WangYinsheng，篇名为 “Graphene as a Novel Matrix for the Analysis of Small Molecules by MALDI-TOFMS”，期刊名为 *Analytical Chemistry*，2010 年，82 卷，14 期，6208-6214 页。

（9）作者为 ZengQiong、ChengJinsheng、TangLonghua、LiuXiaofei、LiuYanzhe、LiJinghong、JiangJianhui，篇名为 “Self-Assembled Graphene—Enzyme Hierarchical Nanostructures for Electrochemical Biosensing”，期刊名为 *Advanced*

Functional Materials，2010 年，20 卷，19 期，3366-3372 页。

（10）作者为 LuoYanbo、ChengJinsheng、MaQiao、FengYuqi、LiJing-hong，篇名为“Graphene-polymer composite:extraction of polycycli caromatic hydrocarbons from water samples by stir rod sorptive extraction”，期刊名为 *Analytical Methods*，2011 年，3 卷，92-98 页。

（11）作者为 ZengQiong、ChengJinsheng、LiuXiaofei、BaiHaotian、Jiang-Jianhui，篇名为“Palladium nanoparticle/chitosan-grafted graphene nanocomposites for construction of a glucose biosensor”，期刊名为 *Biosensorsand Bio-electronics*，2011 年，26 卷，8 期，3456-3463 年。

5. 具有代表性的前期英文论文

（1）作者为程金生、万维宏、朱文娟、张志顺、黄华娜，篇名为《石墨烯 - 搅拌棒联用技术检测金花茶花朵中脂溶性活性成分》，期刊名为《化工新型材料》，2015 年，43 卷，5 期，209-211 页，214 页。

（2）作者为程金生、万维宏、朱文娟、陈信炎、黄华娜，篇名为《石墨烯 - 顶空搅拌棒联用技术检测金花茶中挥发油类成分》，期刊名为《现代化工》，2015 年，35 卷，7 期，173-177 页。

（3）作者为程金生、李龙、钟鸣，篇名为《防城港金花茶果肉及果核活性成分 GC-MS 分析》，期刊名为《韶关学院学报》,2017 年,38 卷,9 期,1-5 页。

（4）作者为程金生、李玉瑛、李兰芳、黄余燕，篇名为《以石墨烯为基质的 MALDI-TOF MS 对有机及药物小分子的检测》，期刊名为《分析试验室》，2013 年，32 卷，5 期，1-5 页。

（5）作者为梁香、程金生、陈信炎、吴凌凤，篇名为《金花茶中黄酮类活性成分的 GC-MS 分析》，期刊名为《中国实验方剂学杂志》,2018 年,24 卷,20 期，84-88 页。

（6）作者为程金生、韦卓恒、陈信炎、郑启祥、梁香、欧阳小月，篇名为《金花茶花朵总皂苷体外抗氧化实验研究》，期刊名为《中国民族民间医药》，2016 年，25 卷，10 期，27-30 页。

（7）作者为程金生、黄靖瑜、万维宏、陈楚茹、黎嘉珠、郭淑仪，篇名为《金樱子种核微观结构鉴别及活性成分分析》，期刊名为《安徽农业科学》，

2018 年，46 卷，24 期，149-151 页。

（8）作者为程金生、李舒雅、万维宏、曾雪琪，篇名为《金花茶微观结构鉴别及活性成分分析》，期刊名为《江苏农业科学》，2020 年，48 卷，19 期，227-230 页。

（9）作者为程金生、黄靖瑜、钟瑞敏、曾佛妹、黎嘉珠、陈义铝、林钡诗、莫艺萍、蔡浩强，篇名为《金樱子降脂泡腾片研制及其降血脂功效研究》，期刊名为《韶关学院学报》，2018 年，39 卷，9 期，66-70 页。

（10）作者为程金生、徐平英、万维宏、郑红霞，篇名为《黑老虎抗氧化冲剂研究》，期刊名为《广东化工》，2020 年，47 卷，6 期，31-32 页。

（11）作者为程金生、李舒雅、万维宏、范文明，篇名为《凹脉金花茶冲剂抗氧化活性研究》，期刊名为《广州化工》，2020 年，48 卷，14 期，94-96 页。

（12）作者为程金生、钟兰照、苗建银、曾雪琪、黄静雯、余梓源，篇名为《基于金花茶天然精油的抗紫外、保湿面霜研究》，期刊名为《广州化工》，2021 年，49 卷，15 期，86-88 页，140 页。

（13）作者为程金生、陈楚茹、曾雪琪、黄静雯、余梓源、陈建林，篇名为《金花茶果核油沐浴露的研制及其抗菌试验研究》，期刊名为《广东化工》，2021 年，48 卷，14 期，69-71 页。

（14）作者为敬思群、吴飞虎、程金生、张俊艳、唐辉、李海霞，篇名为《GC-IMS 技术与 HS-SPME/GC-MS 技术分析 3 种茶叶风味成分》，期刊名为《食品研究与开发》，2022 年，43 卷，8 期，167-176 页。

（15）作者为程金生、曾雪琪、陈妍霏、万维宏、柯锦滢，篇名为《茶子油面霜制备及其祛痤疮功效评价》，期刊名为《湖北农业科学》，2021 年，60 卷，1 期，100-103 页。

（16）作者为程金生、王璐丹、严咏彤、林淼森、陈嘉慧、曾雪琪、周小伟、钟兰照，篇名为《两种不同金花茶含片加工工艺研究》，期刊名为《韶关学院学报》，2023 年，44 卷，6 期，1-5 页。

6. 与本书相关的科技奖励

（1）程金生等十人的“金花茶天然活性成分分离纯化技术创新及产业化

应用”成果获2023年广东省科技进步二等奖（成果推广奖），广东省人民政府，2024年3月。

（2）程金生等七人的“基于石墨烯纳米材料的金花茶活性物质检测、分离及应用研究”项目获2021年中国产学研合作创新与促进奖－产学研合作创新成果奖－优秀奖，中国产学研促进会，证书号20216292，发证时间2022年1月。

（3）程金生的“基于石墨烯纳米材料的金花茶活性成分检测、分离及应用研究”项目获2020年广东省农业技术推广奖三等奖，证书号为2020-3-L12-R01，奖励日期2021年12月8日。

（4）程金生等六人的“基于石墨烯纳米材料的金花茶活性成分检测、分离及应用研究”项目获2019年韶关市科技进步一等奖，韶关市人民政府，证书号2020-101603，发证时间2019年10月。

（5）程金生等十人的“基于石墨烯纳米材料的金花茶活性成分检测、分离及应用研究”成果获2019年度广东省优秀科技成果称号，广东省科学技术厅，发证时间2020年07月。

（6）程金生等八人的“超临界二氧化碳（$ScCO_2$）提取茯苓聚糖及羧甲基茯苓多糖开发研究”项目获百色市科技进步二等奖，广西百色市人民政府，发证时间2010年12月。

（7）程金生等十人的“基于可再生资源的石墨烯纳米材料高效检测分离金花茶活性成分”项目在广东省科学技术厅进行广东省科技成果登记，2019年。

（8）程金生等六人的“基于可再生资源的石墨烯纳米复合材料在医药等领域中的应用”在广东省科学技术厅进行广东省科技成果登记，2016年。

（9）程金生等八人的“三维石墨烯纳米材料在催化、药物分析等领域应用研究”在广东省科学技术厅进行广东省科技成果登记，2016年。

7. 其他荣誉

本书前期医药成果被2016年《中国中医药年鉴》（学术卷）引用。

Nanoscience and Nanotechnology Letters
Vol. 9, 1742–1747, 2017

Amino Acid Detection from the Leaves of *Camellia nitidissima* Chi Using Novel Husk-Derived Graphene Nanoshuttles

Jinsheng Cheng[1,2,*], Ruimin Zhong[1,*], Weihong Wan[1], Hongfeng Li[2], and Jianhua Zhu[1]

[1]*School of Ying-Dong Food Sciences and Engineering, Shaoguan University, Shaoguan, 512005, China*
[2]*Soochow Tanfeng Graphene Technology Co. Ltd., Soochow 215100, China*

Husk-derived amino-modified graphene nanoshuttles (aGR/NS) nanocomposites of sizes ranging from 0.3 to 1.0 μm were prepared using modified Hummers' method, ammonia treatment and Hoffman degradation process. The resulted composites were characterized using transmission electron microscope (TEM), X-ray diffraction spectroscopy (XRD) and Fourier transform infrared spectrometry (FTIR). The aGR/NS prepared in this study served as a novel matrix for MALDI-TOF MS to detect amino acids in *Camellia nitidissima* Chi (*C. nitidissima*) efficiently. Altogether 15 different amino acids of *C. nitidissima* were detected with strong peaks and good discrimination. High desorption/ionization efficiencies, lower matrix ion interference and good elimination effects were observed, which indicated that the technique reported in this study provided a novel and highly distinguishable method to determine the amino acid profile of *C. nitidissima* by MALDI-TOF MS analysis, than those of the traditional methods.

Keywords: Graphene, Nanoshuttles, Husk, MALDI-TOF MS, Amino Acid, *Camellia nitidissima* Chi.

1. INTRODUCTION

In the past few years, graphene, a novel two-dimensional allotrope of carbon, has gained much interest in various fields.[1,2] Excellent chemical, physical and electrical properties have been associated with this novel nanomaterial, because of their large surface area, rippled and few-layered structure, relative chemical inertness and notable π–π stacking effects,[3-6] which make it an ideal candidate for the detection of small molecules, such as amino acids.[7,8] Since 2008, a variety of graphene nanocomposites with different morphologies, such as nanosheets,[9] nanofibers,[10] nanoribbons,[11] quantum dots and three-dimensional nanocomposites,[12,13] have been developed for various purposes. However, little work has been reported regarding the synthesis and application of amino-modified graphene nanoshuttles.

Camellia nitidissima Chi (*C. nitidissima*), a very beautiful plant of South Chinese origin, has gained a good reputation as a "Giant Panda of Botany" and an "Emperor in Theaceae."[14] *C. nitidissima* has been listed as the most endangered species in China, and protection is given to this species by placing it in the I-class national protection of wild plants of China (Fig. 1). The leaves and flowers of *C. nitidissima* contain polyphenols, polysaccharides, flavones, β-sitosterol and other microelements.[15,16] These plant organs are also rich reservoirs of amino acids, such as Aspartate (Asp), Threonine (Thr), Serine (Ser), Glutamic acid (Glu), Proline (Pro) and Glycine (Gly), etc.[17-19]

At present, the amino acid of *C. nitidissima* is mostly analyzed using automatic amino acid analyzer or GC-MS.[20,21] It's significant that the leaves and flowers of *C. nitidissima* contain more than a dozen of different polar amino acids in low quantities.[22] Many difficulties have been encountered with the widely used techniques for the detection of polar amino acids of *C. nitidissima*, such as low detection sensitivity and accuracy. However, matrix-assisted laser desorption/ionization time-of-flight mass spectrometry (MALDI-TOF MS) provides a simple analytical approach for determination of different compounds.[23,24] Graphene plays an important role in MALDI-TOF MS analysis, mainly because of its superior characteristics of chemical stability, high salt tolerance and lower fragmentation of analytes.[25,26] For example, our previous work reported the detection of amino acids, such as Glu, His and Trp, with high peak intensities from an amino acid mixture, using a novel graphene matrix.

*Authors to whom correspondence should be addressed.

1941-4900/2017/9/1742/006 doi:10.1166/nnl.2017.2520

materials MDPI

Article

Linear Graphene Nanocomposite Synthesis and an Analytical Application for the Amino Acid Detection of *Camellia nitidissima* Chi Seeds

Jinsheng Cheng [1,2,*], Ruimin Zhong [1,*], Jiajian Lin [1], Jianhua Zhu [1], Weihong Wan [1] and Xinyan Chen [3]

1 School of Ying-Dong Food Sciences and Engineering, Shaoguan University, Shaoguan 512005, China; linjiajian@yahoo.com (J.J.L); jhuazh@163.com (J.H.Z); weihonggd@gmail.com (W.H.W)
2 Soochow Tanfeng Graphene Technology Co. Ltd., Suzhou 215100, China
3 School of Medicine, Jiaying University, Meizhou 513031, China; xiny.chen@hotmail.com (X.Y.C)
* Correspondence: chengjins@gmail.com (J.S.C.); ruimzhong@hotmail.com (R.M.Z.); Tel.: +86-751-812-0167

Academic Editor: Barbara Zavan
Received: 16 March 2017; Accepted: 19 April 2017; Published: 24 April 2017

Abstract: Husk derived amino modified linear graphene nanocomposites (aLGN) with a diameter range of 80–300 nm and a length range of 100–300 μm were prepared by a modified Hummers method, ammonia treatment, $NaBH_4$ reduction and phenylalanine induced assembly processes, etc. The resulting composites were characterized by transmission electron microscopy (TEM), atomic force microscopy (AFM), scanning electron microscopy (SEM), biological microscope (BM), and X-ray diffraction spectroscopy (XRD), etc. Investigations found that the aLGN can serve as the novel coating of stir bar sorptive extraction (SBSE) technology. By combing this technology with gas chromatography–mass spectrometry (GC-MS), the combined SBSE/GC-MS technology with an aLGN coating can detect seventeen kinds of amino acids of *Camellia nitidissima* Chi seeds, including Ala, Gly, Thr, Ser, Val, Leu, Ile, Cys, Pro, Met, Asp, Phe, Glu, Lys, Tyr, His, and Arg. Compared to a conventional polydimethylsiloxane (PDMS) coating, an aLGN coating for SBSE exhibited a better thermal desorption performance, better analytes fragmentation depressing efficiencies, higher peak intensities, and superior amino acid discrimination, leading to a practicable and highly distinguishable method for the variable amino acid detection of *Camellia nitidissima* Chi seeds.

Keywords: linear graphene nanocomposites; stir bar sorptive extraction; amino acid; *Camellia nitidissima* Chi

1. Introduction

The novel two-dimensional nanomaterial of graphene held significant features of a large surface area, chemical inertness, a strong physical adsorption of organics, and analyte fragmentation depressing properties, etc. [1–5], which meant that it was a good candidate for the absorption or detection of small moelcules [6,7]. Since 2008, a variety of graphene nanocomposites with different morphologies, for example, nanosheets [8], nanobelts [9], quantum dots [10], nanofibers [11], and three-dimensional topographies [12], etc., have been reported. Among which, linear graphene nanocomposites have attracted much attention due to excellent mechanical, electrochemical, and catalytic characteristics [13,14]. Until now, limited reports have concerned the fabrication of phenylalanine induced amino modified linear graphene nanocomposites and corresponding analytical applications for the detection of amino acids.

Camellia nitidissima Chi, a kind of plant with beautiful golden flowers found in southern Asia, has a good reputation as the "Giant Panda of Botany" and "Emperor in Theaceae" [15]. It is also included materials

MDPI

Article

Novel Graphene/In_2O_3 Nanocubes Preparation and Selective Electrochemical Detection for L-Lysine of *Camellia nitidissima* Chi

Jinsheng Cheng [1,*,†], Sheng Zhong [2,†], Weihong Wan [1,3], Xiaoyuan Chen [1], Ali Chen [4] and Ying Cheng [3]

1. Henry-Fork School of Food Sciences, Shaoguan University, Shaoguan 512005, China; weihongsgu@163.com (W.W.); xychensgu@126.com (X.C.)
2. Shipai Branch, Dongguan Environmental Protection Bureau, Dongguan 523330, China; jasonwow@163.com
3. Foshan Qionglu Health Tech. Ltd., Foshan 528000, China; yingchenggd@163.com
4. School of Pharmacy, Guangdong Pharmaceutical University, Guangzhou 510006, China; chenali2004@163.com

* Correspondence: chengjins@gmail.com

† These authors contributed equally to this work.

Received: 2 March 2020; Accepted: 20 April 2020; Published: 24 April 2020

check for updates

Abstract: In this work, novel graphene/In_2O_3 (GR/In_2O_3) nanocubes were prepared via one-pot solvothermal treatment, reduction reaction, and successive annealing technology at 600 °C step by step. Interestingly, In_2O_3 with featured cubic morphology was observed to grow on multi-layered graphene nanosheets, forming novel GR/In_2O_3 nanocubes. The resulting nanocomposites were characterized using transmission electron microscopy (TEM), scanning electron microscopy (SEM), X-ray diffraction spectroscopy (XRD), etc. Further investigations demonstrated that a selective electrochemical sensor based on the prepared GR/In_2O_3 nanocubes can be achieved. By using the prepared GR/In_2O_3-based electrochemical sensor, the enantioselective and chem-selective performance, as well as the optimal conditions for L-Lysine detection in *Camellia nitidissima* Chi, were evaluated. The experimental results revealed that the GR/In_2O_3 nanocube-based electrochemical sensor showed good chiral recognition features for L-lysine in *Camellia nitidissima* Chi with a linear range of 0.23–30 $\mu mol \cdot L^{-1}$, together with selectivity and anti-interference properties for other different amino acids in *Camellia nitidissima* Chi.

Keywords: graphene/In_2O_3 cubes; L-Lysine; detection; *Camellia nitidissima* Chi

1. Introduction

In the past years, graphene has gained various interests in different fields [1–5]. This novel 2D carbon-based nanomaterial possesses superior chemical, physical, and electrical properties [6–10]. A variety of intriguing graphene-based nanocomposites with different morphologies, for instance, nanoparticles [11], nanoshuttles [3], nanorods [12], nanofibers [13], nanosheets [14], metal organic frameworks (MOFs) [15], and quantum dots [16], etc., were prepared with different applications. Recently, some researchers studied various functional graphene nanocomposite-based electrochemical sensors for different applications. For example, our team developed a sodium dodecyl benzene sulphonate (SDBS) functionalized graphene nanosheet-based electrochemical biosensor, which showed excellent electrocatalytic performance toward the reduction of H_2O_2 with fast response, wide linear range, high sensitivity, and good stability [17]. Kang et al. employed thermally split graphene oxide, both of which exhibited similar excellent direct electrochemistry of glucose oxidase (GOD) [18]. However, there were few reports concerning the synthesis and application of transition-metal nanocubes/graphene nanocomposites.

COMMUNICATION

DOI: 10.1002/cjoc.201500339

One-Pot Solvothermal Synthesis of TiO_2 Nanobelt/Graphene Composites for Selective Renal Cancer Cells Destruction

Jinsheng Cheng,*[,a,b] Weihong Wan,[b] and Wenjuan Zhu[b]

[a] *Institute of Hakka Health Care, School of Medicine, Jiaying University, Meizhou, Guangdong 514031, China*
[b] *Guangdong Medical University, Dongguan, 523808, China*

Little attention has been paid to synthesis and application of TiO_2 nanobelt/graphene composites (TiO_2/GR). In this work, a facile one-pot solvothermal approach to synthesize TiO_2/GR was developed. In such processes, the reduction of graphene oxide (GO) nanosheets was accompanied by generation of TiO_2/GR in one-step. *In vitro* experiments revealed that the renal cancer (RENCA) cell viability decreased sharply to 4.72% in the presence of the resulting composites in the near infrared light (NIR) window.

Keywords graphene, titanium dioxide, renal cancer, destruction

Introduction

TiO_2/graphene nanocomposites, which could combine both advantages of TiO_2 and graphene,[1-9] have attracted much attention in the past several years. Some types of TiO_2/graphene nanocomposites, most of which focus on the combination of TiO_2 nanoparticles and graphene nanosheets, have been developed. For examples, Wang *et al.* developed an anionic surfactant mediated growth of self-assembled metal oxide graphene hybrid nanostructures, which show enhanced Li-ion insertion/extraction kinetics in TiO_2, especially at high charge/discharge rates.[10] Dang *et al.*[11] fabricated Au@TiO_2/graphene composite successively, the synthesized core-shell nanoparticles showed good photocatalytic degradation performance on 2,4-dichlorophenol under the visible-light irradiation. Recently, our group reported TiO_2 nanoparticles/graphene nanoparticles by one-pot method, which displayed higher activity for photocatalytic hydrogen evolution.[12]

Graphene has attracted enormous interests due to its excellent physical, chemical or mechanical properties.[13-16] The strong absorbance of graphene in the NIR window can destruct the target cancer cells with minimal damage. Owing to such superior properties, recently, some researchers have carried out some interesting work on graphene induced tumors therapies irradiated by near infrared lasers.[17-19] For example, Jung and coworkers developed a new skin cancer photothermal therapy method by using GO. The GO nanosheets generate heat and destroy the tumor cells readily when exposed to the NIR light, while healthy cells are not affected.[20] Our group found that the lethal combination of SnO_2/GR and NIR showed good performance on elimination of human prostate cancer.[21] It is interesting that besides graphene, TiO_2 also has good photocatalytic or photothermal destruction effects on different cancer cells.[22-25] For example, the *in vitro* cell test results revealed that the cells exposed to NIR laser with TiO_2 nanotubes show a sharply decreased cell viability of 1.35% due to their excellent photothermal properties as therapeutic agents for cancer thermotherapy.[26]

Most previous reports on TiO_2/graphene composites concerned TiO_2 nanoparticles-graphene, TiO_2 nanorods on the graphene oxide sheets, macro-mesoporous TiO_2-graphene films, TiO_2@ nanographene oxide core-shell structure (NGOTs) *etc.*[2-5] While until now, few reports were paid on the synthesis and application of the integrated composites of TiO_2 nanobelts and graphene nanosheets, especially such composites for NIR cancer therapy. Herein, we successfully prepared TiO_2 nanobelt/graphene composites by a facile one-step solvothermal method. The RENCA cell viabilities for TiO_2/GR treated group and control groups in the NIR window were studied to evaluate their photothermal properties and significance for RENCA cells destruction.

Experimental

Materials

Graphite powder (99.99995%, 325 mesh) was purchased from Sigma Aldrich. A murine renal cancer cell line was provided by 1st People's Hospital of Huzhou, Zhejiang. Other biochemical reagents were purchased

* E-mail: chengjins@gmail.com
Received April 29, 2015; accepted June 30, 2015; published online August 12, 2015.
Supporting information for this article is available on the WWW under http://dx.doi.org/10.1002/cjoc.201500339 or from the author.

COMMUNICATION

DOI: 10.1002/cjoc.201500339

One-Pot Solvothermal Synthesis of TiO_2 Nanobelt/Graphene Composites for Selective Renal Cancer Cells Destruction

Jinsheng Cheng,*[,a,b] Weihong Wan,[b] and Wenjuan Zhu[b]

[a] *Institute of Hakka Health Care, School of Medicine, Jiaying University, Meizhou, Guangdong 514031, China*
[b] *Guangdong Medical University, Dongguan, 523808, China*

Little attention has been paid to synthesis and application of TiO_2 nanobelt/graphene composites (TiO_2/GR). In this work, a facile one-pot solvothermal approach to synthesize TiO_2/GR was developed. In such processes, the reduction of graphene oxide (GO) nanosheets was accompanied by generation of TiO_2/GR in one-step. *In vitro* experiments revealed that the renal cancer (RENCA) cell viability decreased sharply to 4.72% in the presence of the resulting composites in the near infrared light (NIR) window.

Keywords graphene, titanium dioxide, renal cancer, destruction

Introduction

TiO_2/graphene nanocomposites, which could combine both advantages of TiO_2 and graphene,[1-9] have attracted much attention in the past several years. Some types of TiO_2/graphene nanocomposites, most of which focus on the combination of TiO_2 nanoparticles and graphene nanosheets, have been developed. For examples, Wang *et al.* developed an anionic surfactant mediated growth of self-assembled metal oxide graphene hybrid nanostructures, which show enhanced Li-ion insertion/extraction kinetics in TiO_2, especially at high charge/discharge rates.[10] Dang *et al.*[11] fabricated Au@TiO_2/graphene composite successively, the synthesized core-shell nanoparticles showed good photocatalytic degradation performance on 2,4-dichlorophenol under the visible-light irradiation. Recently, our group reported TiO_2 nanoparticles/graphene nanoparticles by one-pot method, which displayed higher activity for photocatalytic hydrogen evolution.[12]

Graphene has attracted enormous interests due to its excellent physical, chemical or mechanical properties.[13-16] The strong absorbance of graphene in the NIR window can destruct the target cancer cells with minimal damage. Owing to such superior properties, recently, some researchers have carried out some interesting work on graphene induced tumors therapies irradiated by near infrared lasers.[17-19] For example, Jung and coworkers developed a new skin cancer photothermal therapy method by using GO. The GO nanosheets generate heat and destroy the tumor cells readily when exposed to the NIR light, while healthy cells are not affected.[20] Our group found that the lethal combination of SnO_2/GR and NIR showed good performance on elimination of human prostate cancer.[21] It is interesting that besides graphene, TiO_2 also has good photocatalytic or photothermal destruction effects on different cancer cells.[22-25] For example, the *in vitro* cell test results revealed that the cells exposed to NIR laser with TiO_2 nanotubes show a sharply decreased cell viability of 1.35% due to their excellent photothermal properties as therapeutic agents for cancer thermotherapy.[26]

Most previous reports on TiO_2/graphene composites concerned TiO_2 nanoparticles-graphene, TiO_2 nanorods on the graphene oxide sheets, macro-mesoporous TiO_2-graphene films, TiO_2@ nanographene oxide core-shell structure (NGOTs) *etc.*[2-5] While until now, few reports were paid on the synthesis and application of the integrated composites of TiO_2 nanobelts and graphene nanosheets, especially such composites for NIR cancer therapy. Herein, we successfully prepared TiO_2 nanobelt/graphene composites by a facile one-step solvothermal method. The RENCA cell viabilities for TiO_2/GR treated group and control groups in the NIR window were studied to evaluate their photothermal properties and significance for RENCA cells destruction.

Experimental

Materials

Graphite powder (99.99995%, 325 mesh) was purchased from Sigma Aldrich. A murine renal cancer cell line was provided by 1st People's Hospital of Huzhou, Zhejiang. Other biochemical reagents were purchased

* E-mail: chengjins@gmail.com
Received April 29, 2015; accepted June 30, 2015; published online August 12, 2015.
Supporting information for this article is available on the WWW under http://dx.doi.org/10.1002/cjoc.201500339 or from the author.

Latin American Journal of Pharmacy
(formerly *Acta Farmacéutica Bonaerense*)
Lat. Am. J. Pharm. **34** (6): 1211-7 (2015)

Regular article

Received: February 26, 2015
Accepted: April 20, 2015

Intervention of Rhynchophylline on the Learning and Memory Abilities of a Dementia Mouse Model

Jinsheng CHENG [1] *, Wenjuan ZHU [2], Weihong WAN [1] Xinyan CHEN [1], & Zhishun ZHANG [1]

[1] *Institute of Hakka Health Care, School of Medicine, Jiaying University, Meizhou 514031, China*
[2] *1st People's Hospital of Huzhou, Zhejiang, Huzhou 313000, China*

SUMMARY. **The effects of rhynchophylline (RH) on learning and memory abilities and expressions of beta-site APP cleaving enzyme (BACE), amyloid-β precursor protein (AβPP) and Aβ in senescence accelerated mouse prone 8 (SAMP8) mouse brain were studied by immunohistochemical analysis and reverse transcription-polymerase chain reaction (RT-PCR) analysis, etc. Comparing with the control group, the staying time and the frequency of crossing original platform quadrant in spatial probe test of the RH-treated group increased significantly. Aβ average optical density and their immunoreactive neurons in brain tissue of SAMP8 in experimental group would decrease significantly. The mRNA contents of BACE and AβPP also decline after rhynchophylline intervention. All of these effects showed a dose-effect relationship, indicating that rhynchophylline can improve the learning and memory abilities in SAMP8 by inhibit the expression of BACE, AβPP and Aβ in SAMP8 brain, leading to protection of the neurons from the neurotoxicity of Aβ.**

RESUMEN. Los efectos de rincofilina (RH) en habilidades de aprendizaje y memoria y expresiones del sitio beta APP de la enzima de escisión (BACE), de la proteína precursora de amiloide β (AβPP) y de Aβ en la senescencia acelerada de cerebro de ratón propenso 8 (SAMP8) se estudiaron mediante análisis inmunohistoquímico y la inversa de la reacción en cadena de transcripción de la polimerasa (RT-PCR), entre otros. En comparación con el grupo control, el tiempo de permanencia y la frecuencia de cruce de cuadrante original en la prueba de la sonda espacial del grupo tratado-RH aumentaron significativamente. La densidad óptica promedio de Aβ y sus neuronas inmunorreactivas en el tejido cerebral de SAMP8 en el grupo experimental disminuyeron significativamente. El contenido de mRNA de BACE y AβPP también disminuyen después de la intervención con rincofilina. Todos estos efectos mostraron una relación dosis-efecto, lo que indica que rincofilina puede mejorar la capacidad de aprendizaje y memoria en SAMP8 por inhibición de la expresión de BACE, AβPP y Aβ en cerebro SAMP8, dando lugar a la protección de las neuronas de la neurotoxicidad de Aβ.

INTRODUCTION

The clinical manifestation of Alzheimer's disease (AD) is patients' cognitive function and memory function getting worse [1]. A kind of senile spots can be found in the brain of AD patients, which was the sediment of dead or waxed nerve cells named amyloid. Such amyloid spots always locate at specific parts of the brain where control memory and higher cognitive process [2].

The clinical symptoms of AD can be separated into two aspects: cognitive function reducing and un-cognitive psychiatric issues. Further researches indicate that senile plaques (SP), deposition of Aβ and nerve fiber tangles (NFT) are the main features found in the brains

of AD patients [3,4]. More significantly, the injury of endothelial cells caused by Aβ and its deposition in the brain tissue would lead to degeneration in neurons.

Much evidence has indicated that this kind of abnormal processing and extracellular deposition of Aβ is central to the pathogenesis of AD [5,6]. Although some Food and Drug Administration-approved drugs, e.g. Huperzine A etc., are available for the treatment of AD, some drugs

KEY WORDS: Alzheimer's disease, learning and memory abilities, rhynchophylline.

* Author to whom correspondence should be addressed. *E-mail:* chengjins@gmail.com

ISSN 0326 2383 (printed ed.)
ISSN 2362-3853 (on line ed.)

本专著前期发表的代表性学术论文

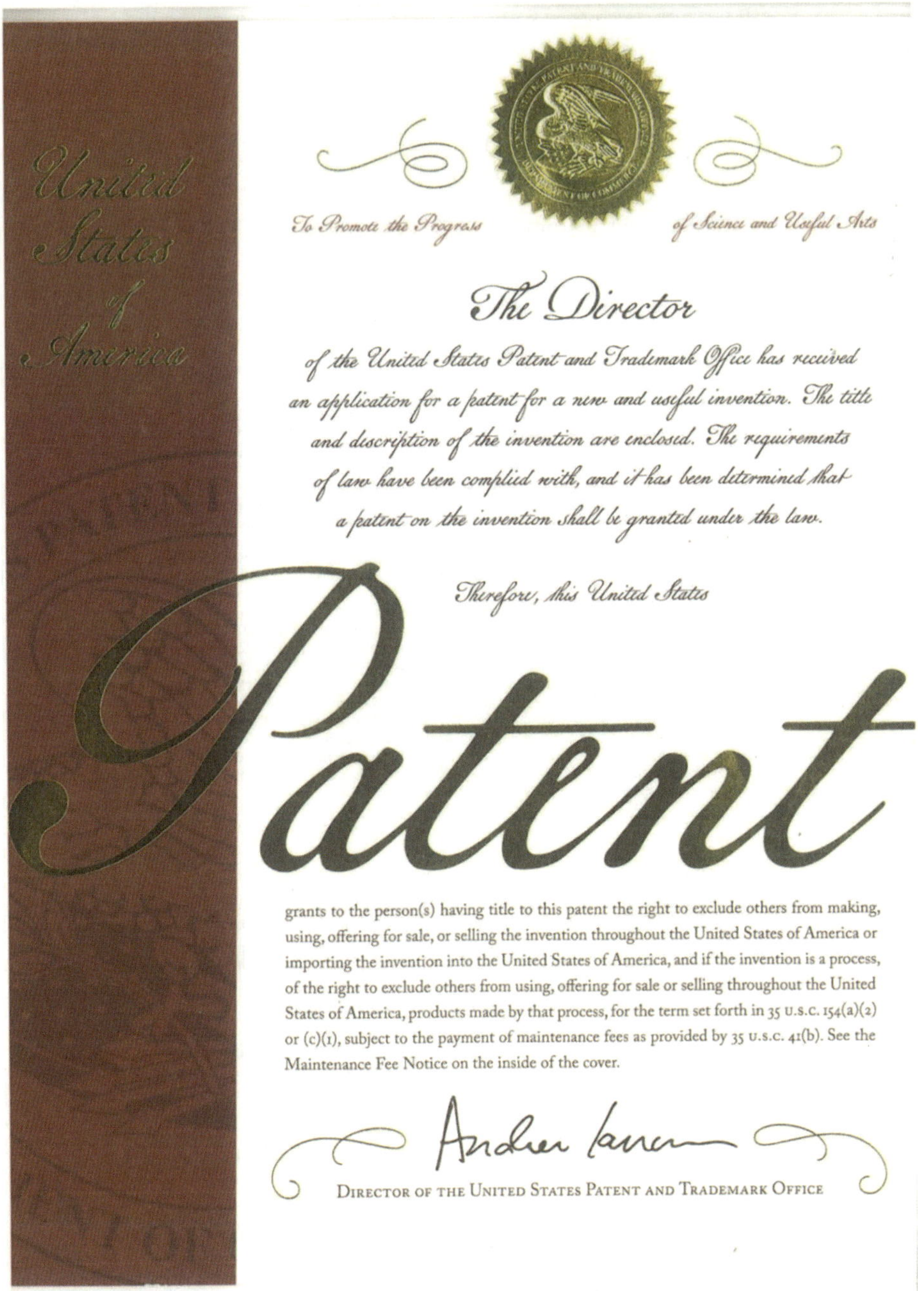

United States of America

To Promote the Progress of Science and Useful Arts

The Director

of the United States Patent and Trademark Office has received an application for a patent for a new and useful invention. The title and description of the invention are enclosed. The requirements of law have been complied with, and it has been determined that a patent on the invention shall be granted under the law.

Therefore, this United States

Patent

grants to the person(s) having title to this patent the right to exclude others from making, using, offering for sale, or selling the invention throughout the United States of America or importing the invention into the United States of America, and if the invention is a process, of the right to exclude others from using, offering for sale or selling throughout the United States of America, products made by that process, for the term set forth in 35 U.S.C. 154(a)(2) or (c)(1), subject to the payment of maintenance fees as provided by 35 U.S.C. 41(b). See the Maintenance Fee Notice on the inside of the cover.

Director of the United States Patent and Trademark Office

The United States of America

The Director of the United States Patent and Trademark Office

Has received an application for a patent for a new and useful invention. The title and description of the invention are enclosed. The requirements of law have been complied with, and it has been determined that a patent on the invention shall be granted under the law.

Therefore, this

United States Patent

Grants to the person(s) having title to this patent the right to exclude others from making, using, offering for sale, or selling the invention throughout the United States of America or importing the invention into the United States of America, and if the invention is a process, of the right to exclude others from using, offering for sale or selling throughout the United States of America, or importing into the United States of America, products made by that process, for the term set forth in 35 U.S.C. 154(a)(2) or (c)(1), subject to the payment of maintenance fees as provided by 35 U.S.C. 41(b). See the Maintenance Fee Notice on the inside of the cover.

Director of the United States Patent and Trademark Office

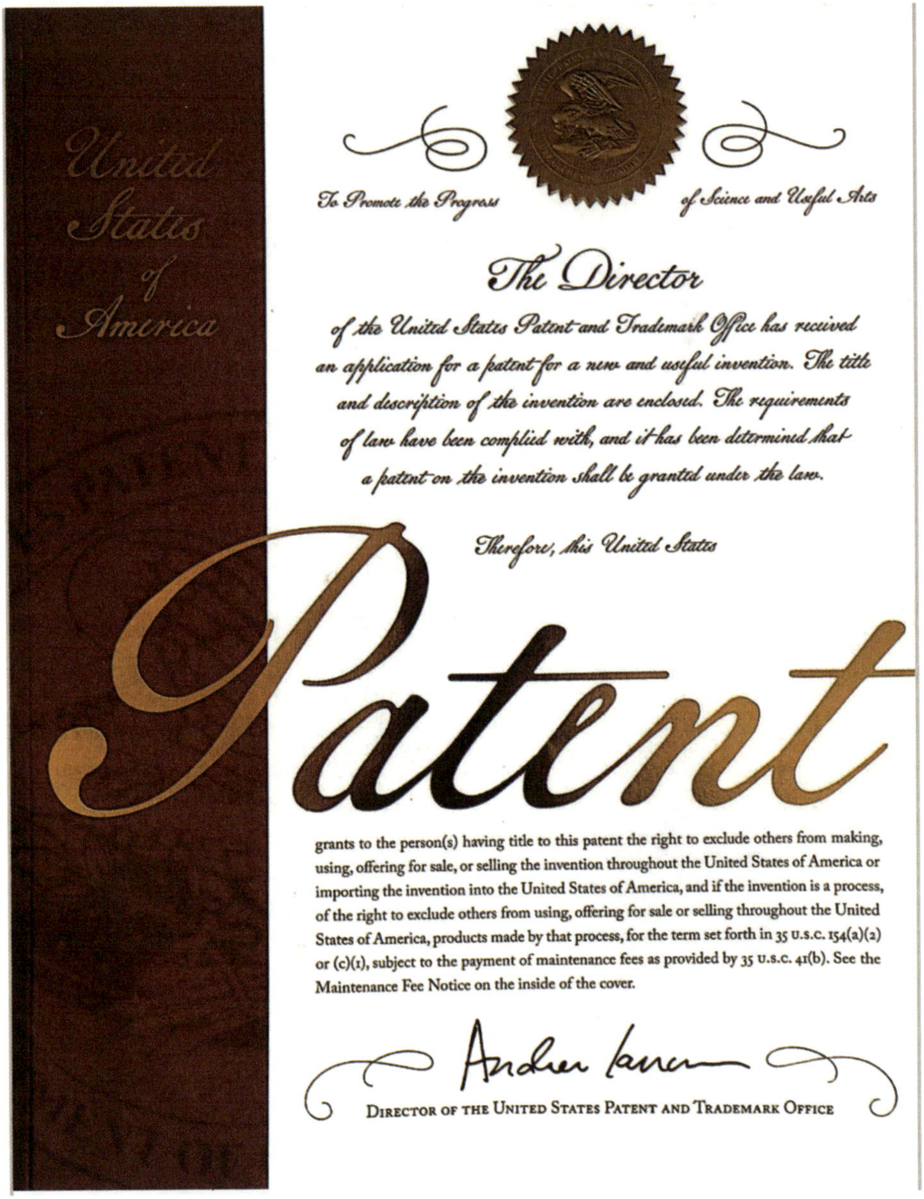

United States of America

To Promote the Progress of Science and Useful Arts

The Director

of the United States Patent and Trademark Office has received an application for a patent for a new and useful invention. The title and description of the invention are enclosed. The requirements of law have been complied with, and it has been determined that a patent on the invention shall be granted under the law.

Therefore, this United States

Patent

grants to the person(s) having title to this patent the right to exclude others from making, using, offering for sale, or selling the invention throughout the United States of America or importing the invention into the United States of America, and if the invention is a process, of the right to exclude others from using, offering for sale or selling throughout the United States of America, products made by that process, for the term set forth in 35 U.S.C. 154(a)(2) or (c)(1), subject to the payment of maintenance fees as provided by 35 U.S.C. 41(b). See the Maintenance Fee Notice on the inside of the cover.

DIRECTOR OF THE UNITED STATES PATENT AND TRADEMARK OFFICE

The United States of America

The Director of the United States Patent and Trademark Office

Has received an application for a patent for a new and useful invention. The title and description of the invention are enclosed. The requirements of law have been complied with, and it has been determined that a patent on the invention shall be granted under the law.

Therefore, this

United States Patent

Grants to the person(s) having title to this patent the right to exclude others from making, using, offering for sale, or selling the invention throughout the United States of America or importing the invention into the United States of America, and if the invention is a process, of the right to exclude others from using, offering for sale or selling throughout the United States of America, or importing into the United States of America, products made by that process, for the term set forth in 35 U.S.C. 154(a)(2) or (c)(1), subject to the payment of maintenance fees as provided by 35 U.S.C. 41(b). See the Maintenance Fee Notice on the inside of the cover.

Joseph Matal

Performing the Functions and Duties of the
Under Secretary of Commerce for Intellectual Property and
Director of the United States Patent and Trademark Office

US 20160136224A1

(19) **United States**
(12) **Patent Application Publication** (10) **Pub. No.: US 2016/0136224 A1**
Cheng (43) **Pub. Date: May 19, 2016**

(54) **METHOD FOR PREPARING A CAMELLIA NITIDISSIMA CHI LIPID-LOWERING AND HYPOGLYCEMIC AGENT**

(71) Applicant: **Shenzhen Violin Technology Co.,Ltd.**, Shenzhen (CN)

(72) Inventor: **Jinsheng Cheng**, Foshan (CN)

(73) Assignee: **Shenzhen Violin Technology Co.,Ltd.**

(21) Appl. No.: **14/940,160**

(22) Filed: **Nov. 13, 2015**

(30) **Foreign Application Priority Data**

Nov. 14, 2014 (CN) 201410647740.4

Publication Classification

(51) **Int. Cl.**
A61K 36/82 (2006.01)

(52) **U.S. Cl.**
CPC ***A61K 36/82*** (2013.01)

(57) **ABSTRACT**

The present invention discloses a method for preparing a *Camellia nitidissima* Chi lipid-lowering and hypoglycemic agent. Active components such as tea polysaccharides, tea polyphenols, and flavones are extracted from *Camellia nitidissima* Chi and purified, which are then mixed with pharmaceutical excipients such as hydroxypropyl methyl cellulose, polyvinylpyrrolidone, and triethyl citrate to prepare various pills, tablets, capsules, granules, etc. including sustained release agents and controlled release agents. Thereby, clinical or health care medicine effects of the *Camellia nitidissima* Chi lipid-lowering and hypoglycemic agent are improved, a dosing frequency is reduced, interference of impurities with the medicine effect is eliminated, relative bioavailability and safety of the active components of the *Camellia nitidissima* Chi lipid-lowering and hypoglycemic agent in a human body are enhanced, and compliance of a patient is improved.

METHOD FOR PREPARING A CAMELLIA NITIDISSIMA CHI LIPID-LOWERING AND HYPOGLYCEMIC AGENT

CROSS-REFERENCE TO RELATED APPLICATIONS

[0001] This application is a continuation of, and claims priority to, Chinese Patent Application No. 201410647740.4 with a filing date of Nov. 14, 2014. The content of the aforementioned application, including any intervening amendments thereto, is incorporated herein by reference.

TECHNICAL FIELD

[0002] The present invention refers to the field of biotechnology, more particularly, to a method for preparing a *Camellia nitidissima* Chi lipid-lowering and hypoglycemic agent.

BACKGROUND OF THE PRESENT INVENTION

[0003] As a Chinese unique rare plant, *Camellia nitidissima* Chi has good reputation of "Giant Panda of Botany" and "Emperor in Theaceae". In civil history, it was recorded in *Compendium of Materia Medica*, and also in Local Chronicle of Gangdong and Guangxi that "*Camellia nitidissima* Chi, evergreen shrub, grow in wildemess", "the leaves and flowers of *Camellia nitidissima* Chi can be used for heat-clearing, the treatment of dysentery, lipid-removing and hypoglycemia". In folk of Guangdong and Guangxi area, *Camellia nitidissima* Chi is widely used to make tea or cook soup for clearing heat and removing toxicity, lipid-lowering and hypoglycemia, diuresis, dehydration and depressurization over thousands of years, so the lipid-lowering and hypoglycemic effect of *Camellia nitidissima* Chi has profound inherent foundation.

[0004] At present, there exist some theories and practice researches on *Camellia nitidissima* Chi lipid-lowering and hypoglycemic effect, for example, crude polysaccharide is primary separated by deproteinization and dialysis, then mice with hyperlipidemia are fed into the primary separated polysaccharide, experiment data shows high dose group, middle dose group and low does group of *Camellia nitidissima* group and middle dose group have significance through test; high dose group and lovastatin can also enhance HDL-C content of serum in model rat with hyperlipidemia. So it shows the *Camellia nitidissima* Chi leaves aqueous extract have obvious lipid-lowering effect. (Enchuang Ning, Xiaoming Qin, Hong Yang. *Experimental Study on Lipid-lowering Function of Camellia Nitidissima Leaves Aqueous Extract. Journal of Guangxi university* (Nature and Science), 2004, 29(4), 350-352); Yonglin Huang and co-workers feed quail with high-lipid diet for 15 days to make model of quail with hyperlipidemia, then intragastric gavage is performed with 400 mg/kg *Camellia nitidissima* Chi leaves extract, fenofibrate tablets (20 mg/kg), the clinical lipid-lowering drug, is used for positive control, after 30 days of intragastric gavage, the serum is collected to test the total cholesterol (TC), tri glyceride(TG) content. Both the *Camellia nitidissima* Chi leaves extract and primary purified extract can reduce TC and TG content of serum in model quail with hyperlipidemia, while the ethanol extract can only reduce the TC content. *Camellia nitidissima* leaves extract have lipid-lowering effect and can perform enrichment with D-101 resin. (Yonglin Huang, Yueyuan Chen, Yongxin Wen, Dianpeng Li, Ronggan Liang, Xiao Wei. *Experimental Study on Lipid-lowering Function of Different Solutions and Primary Purified Camellia Nitidissima Leaves Extract. Lishizhen Med Mater Med Res*, 2009, 20(4), 776-777).

[0005] Diabetic mice models were established by intravenous injection of alloxan tetrahydrate by Xing Xia and co-workers, and the mice are divided into model group, metformin group, high dose group, middle dose group and low dose group of *Camellia nitidissima* Chi extract, while normal mice are the blank control group, then intragastric gavage is performed continually for 28 days and determine fasting blood-glucose before and after dosing of the 7th day, 14th day, 21th day and 28th day respectively, and after the final determination of fasting blood-glucose, 6 g/kg glucose solution is fed by gavage to all animals, then blood glucose level is determined after 30 min, 60 min and 120 min to inspect glucose tolerance levels of animals. Results show it can reduce the fasting blood-glucose ($P<0.001$) of diabetic mice

US009802892B2

(12) **United States Patent**
Cheng

(10) **Patent No.: US 9,802,892 B2**
(45) **Date of Patent: Oct. 31, 2017**

(54) **METHOD FOR STEPWISE SEPARATING AMINO ACID ACTIVE INGREDIENTS OF *CAMELLIA NITIDISSIMA* CHI**

(71) Applicant: **School of Medicine Jiaying University**, Meizhou (CN)

(72) Inventor: **Jinsheng Cheng**, Meizhou (CN)

(73) Assignee: **SHENZHEN VIOLIN TECHNOLOGY CO., LTD.** Shenzhen (CN)

(*) Notice: Subject to any disclaimer, the term of this patent is extended or adjusted under 35 U.S.C. 154(b) by 159 days.

(21) Appl. No.: **14/948,249**

(22) Filed: **Nov. 21, 2015**

(65) **Prior Publication Data**

US 2016/0152564 A1 Jun. 2, 2016

(30) **Foreign Application Priority Data**

Nov. 26, 2014 (CN) 2014 1 0688494

(51) **Int. Cl.**
C07C 227/40 (2006.01)
C07D 207/16 (2006.01)

(52) **U.S. Cl.**
CPC ***C07D 207/16*** (2013.01); ***C07C 227/40*** (2013.01)

(58) **Field of Classification Search**
CPC C07C 227/40
See application file for complete search history.

(56) **References Cited**

PUBLICATIONS

Roman et al. Eur. Phys. J. D. 2006, 38, 117-120.*

* cited by examiner

Primary Examiner — Matthew Coughlin
(74) *Attorney, Agent, or Firm* — Wayne & Ken, LLC; Tony Hom

(57) **ABSTRACT**

The present invention relates to the technical field of *Camellia nitidissima* Chi processing and application, and provides a method for stepwise separating amino acid active ingredients of *Camellia nitidissima* Chi. The method comprises the following steps: taking a graphene nano material as a selective extraction, adsorption and separation carrier material; carrying out stepwise separation through stepwise controlling the pH value of *Camellia nitidissima* Chi concentrated solution and adjusting the isoelectric points of the amino acid active ingredients, wherein the amino acid active ingredients comprise aspartic acid, threonine, serine, glutamic acid, proline and glycine, and the pH values of the aspartic acid, the threonine, the serine, the glutamic acid, the proline and the glycine corresponding to the stepwise separated isoelectric points are less than 2.77, 5.98-6.15, 3.23-5.67, 2.78-3.21, 6.17-6.29 and 5.69-5.96. The method for stepwise separating amino acid active ingredients of *Camellia nitidissima* Chi has the characteristics of superior selectivity, superior separation speed, good product purity and low cost.

12 Claims, No Drawings

US009896426B2

(12) **United States Patent**
Cheng

(10) **Patent No.: US 9,896,426 B2**
(45) **Date of Patent: Feb. 20, 2018**

(54) **EXTRACTION SEPARATION METHOD OF A FLAVONE COMPONENT BASED ON GRAPHENE**

(71) Applicant: **Shenzhen Violin Technology Co., Ltd.**, Shenzhen (CN)

(72) Inventor: **Jinsheng Cheng**, Foshan (CN)

(*) Notice: Subject to any disclaimer, the term of this patent is extended or adjusted under 35 U.S.C. 154(b) by 0 days.

(21) Appl. No.: **14/948,248**

(22) Filed: **Nov. 21, 2015**

(65) **Prior Publication Data**

US 2016/0145229 A1 May 26, 2016

(30) **Foreign Application Priority Data**

Nov. 25, 2014 (CN) 2014 1 0681182

(51) **Int. Cl.**
C07D 311/30 (2006.01)

(52) **U.S. Cl.**
CPC *C07D 311/30* (2013.01)

(58) **Field of Classification Search**
CPC C07D 311/30
See application file for complete search history.

(56) **References Cited**

PUBLICATIONS

Verma, A.K., et al. "The biological potential of flavones." Nat. Prod. Rep. (2010), vol. 27, pp. 1571-1593.*
Balunas, M.J., et al. "Natural Products as Aromatase Inhibitors." Anticancer Agents Med. Chem. (Aug. 2008), vol. 8(6), pp. 1-69.*
Tapas, A.R., et al. "Flavonoids as Nutraceuticals: A Review." Trop. J. Pharm. Res. (Sep. 2008), vol. 7 (3), pp. 1089-1099.*
Khadem, S., et al. "Chromone and Flavonoid Alkaloids: Occurrence and Bioactivity." Molecules. (2012), vol. 17, pp. 191-206.*
Sereshti, H., et al. "Preparation and application of magnetic graphene oxide coated with a modified chitosan pH-sensitive hydrogel: an efficient biocompatible adsorbent for catechin." Royal Society of Chemistry. © Dec. 10, 2014. Available from: < http://pubs.rsc.org/en/content/articlepdf/2012/ra/c4ra11572d >.*
Nagao, T., et al. "Ingestion of a tea rich in catechins leads to a reduction in body fat and malondialdehyde-modified LDL in men." Am. J. Clin. Nutr. (2005), vol. 81, pp. 122-129.*

* cited by examiner

Primary Examiner — Noble E Jarrell
Assistant Examiner — John S Kenyon
(74) *Attorney, Agent, or Firm* — Wayne & Ken, LLC; Tony Hom

(57) **ABSTRACT**

The present invention refers to the technical field of flavone component extraction, and provides an extraction separation method of a flavone component based on amination graphene. The flavone components comprise flavones, flavanols, isoflavones, flavanones, flavanonols, flavanones, anthocyanidins, chalcones, and chromones etc. The extraction separation method is adsorption extraction, and amination graphene is taken as a medium of adsorption extraction. The extraction separation method of the flavone components based on amination graphene is superior in separation speed and product purity, low cost and convenient operation.

7 Claims, No Drawings

US010479774B2

(12) **United States Patent**
Cheng

(10) **Patent No.: US 10,479,774 B2**
(45) **Date of Patent: *Nov. 19, 2019**

(54) **METHOD FOR SEPARATING FLAVONOID SUBSTANCES IN *CAMELLIA NITIDISSIMA* CHI BASED ON A MAGNETIC NANOPARTICLES-PAMAM NANO COMPOSITES**

(71) Applicant: **Shenzhen Violin Technology Co.,Ltd.**, Shenzhen (CN)

(72) Inventor: **Jinsheng Cheng**, Meizhou (CN)

(73) Assignee: **Shenzhen Violin Technology Co., Ltd.**, Shenzhen (CN)

(*) Notice: Subject to any disclaimer, the term of this patent is extended or adjusted under 35 U.S.C. 154(b) by 790 days.

This patent is subject to a terminal disclaimer.

(21) Appl. No.: **14/938,855**

(22) Filed: **Nov. 12, 2015**

(65) **Prior Publication Data**

US 2016/0137623 A1 May 19, 2016

(30) **Foreign Application Priority Data**

Nov. 13, 2014 (CN) 2014 1 0639271

(51) **Int. Cl.**
C07D 311/24 (2006.01)

(52) **U.S. Cl.**
CPC ***C07D 311/24*** (2013.01)

(58) **Field of Classification Search**
None
See application file for complete search history.

(56) **References Cited**

U.S. PATENT DOCUMENTS

2016/0136224 A1 * 5/2016 Cheng A61K 36/82 424/729

OTHER PUBLICATIONS

Johnson, Separation of flavonoid compounds in Sephadex LH-20, 1968, J Chromatography, 33: 539-541 (Year: 1968).*

* cited by examiner

Primary Examiner — Terry A McKelvey
Assistant Examiner — Catheryne Chen
(74) *Attorney, Agent, or Firm* — Wayne & Ken, LLC; Tony Hom

(57) **ABSTRACT**

The present invention discloses a method for separating flavonoid substances in *Camellia nitidissima* Chi based on a magnetic nanoparticles-PAMAM nano composites, which comprises the following steps: preparing PAMAM dendrimer, then using the PAMAM dendrimer to prepare the magnetic nanoparticles-PAMAM nano composites, then adding the obtained magnetic nanoparticles-PAMAM nano composites in a *Camellia nitidissima* Chi extract, extracting and performing magnetic separation on the flavonoid substances in *Camellia nitidissima* Chi under ultrasound or microwave condition. According to the present invention, flavonoid substances with faintly acid characteristics are extracted and adsorbed in a plant concentrate such as *Camellia nitidissima* Chi or *Hedyotis diffusa* etc. based on the magnetic nanoparticles-PAMAM nano composites, in a successive step, high efficiency separation of the flavonoid substances can be realized by the technologies such as magnetic separation and microwave-assisted extraction.

3 Claims, 2 Drawing Sheets

Australian Government

IP Australia

CERTIFICATE OF GRANT
INNOVATION PATENT

Patent number: 2021103579

The Commissioner of Patents has granted the above patent on 28 July 2021, and certifies that the below particulars have been registered in the Register of Patents.

Name and address of patentee(s):

Shaoguan University of 288 Daxue Rd., Zhenjiang District Shaoguan City, Guangdong Province China

Shenzhen Xihan Health Co.,Ltd. of Room 1216, Floor 12, Hongyu Building, Longguan Rd., Shitouling, Yucui Community, Longhua District Shenzhen City China

Guangdong Shichangsheng Cosmetics Manufacturing Co.,Ltd. of Guangdong Shichangsheng, Cosmetics Manufacturing Co., Ltd. Qingyuan, Guangdong China

Fudan University of Chemistry Building, Fudan University Jiangwan Campus, 2005 Songhu Road Yangpu District, Shanghai China

Title of invention:

Camellia nitidissima C.W.Chi Caffeine and Chlorogenic acid composition for anti-SARS-CoV-2 and preparation method and application thereof

Name of inventor(s):

Cheng, Jinsheng; Zhong, Lanzhao; Deng, Yonghui; Chen, Xiaoyuan; Zhi, Jianying and Ke, Jinying

Term of Patent:

Eight years from 24 June 2021

NOTE: This Innovation Patent cannot be enforced unless and until it has been examined by the Commissioner of Patents and a Certificate of Examination has been issued. See sections 120(1A) and 129A of the Patents Act 1990, set out on the reverse of this document.

COMMONWEALTH OF AUSTRALIA
AUSTRALIA
PATENT OFFICE

Dated this 28th day of July 2021

Commissioner of Patents

PATENTS ACT 1990

The Australian Patents Register is the official record and should be referred to for the full details pertaining to this IP Right.

Australian Government
IP Australia

CERTIFICATE OF GRANT
INNOVATION PATENT

Patent number: 2021102534

The Commissioner of Patents has granted the above patent on 16 June 2021, and certifies that the below particulars have been registered in the Register of Patents.

Name and address of patentee(s):

Shaoguan University of Daxue Rd. 288, Zhenjiang District, Shaoguan City Guangdong Province China

Shenzhen Xihan Medical and Healthy Environmental Protection Co. Ltd. of Room 1216, Floor 12, Hongyu Building, Longguan Rd., Shitouling, Yucui Community, Longhua District Shenzhen City China

South China Agricultural University of Wushan, Tianhe District, South China Agricultural University, Guangzhou City Guangdong Province China

Guangdong Shichangsheng Cosmetics Manufacturing Co., Ltd. of Guangdong Shichangsheng Cosmetics, Manufacturing Co., Ltd., Qingyuan Guangdong 511500 China

Title of invention:

Low-temperature sterilization method and device for liquid substances such as Theaceae plant extracts based on graphene nano materials

Name of inventor(s):

Cheng, Jinsheng; Miao, Jianying; Zhong, Lanzhao; Lan, Yaqi; Zeng, Xueqi and Ke, Jinying

Term of Patent:

Eight years from 13 May 2021

NOTE: This Innovation Patent cannot be enforced unless and until it has been examined by the Commissioner of Patents and a Certificate of Examination has been issued. See sections 120(1A) and 129A of the Patents Act 1990, set out on the reverse of this document.

COMMONWEALTH OF AUSTRALIA
AUSTRALIA
PATENT OFFICE

Dated this 16th day of June 2021

Commissioner of Patents

PATENTS ACT 1990

The Australian Patents Register is the official record and should be referred to for the full details pertaining to this IP Right.

证书号第4293382号

发明专利证书

发 明 名 称：一种基于石墨烯纳米材料的植物萃取液等液体物质的低温灭菌方法和装置

发 明 人：程金生

专 利 号：ZL 2018 1 0895929.3

专利申请日：2018年08月08日

专 利 权 人：韶关学院

地 址：512005 广东省韶关市浈江区大学路288号

授权公告日：2021年03月12日　　　授权公告号：CN 110812518 B

国家知识产权局依照中华人民共和国专利法进行审查，决定授予专利权，颁发发明专利证书并在专利登记簿上予以登记。专利权自授权公告之日起生效。专利权期限为二十年，自申请日起算。

专利证书记载专利权登记时的法律状况。专利权的转移、质押、无效、终止、恢复和专利权人的姓名或名称、国籍、地址变更等事项记载在专利登记簿上。

局长
申长雨

国家知识产权局
2021年03月12日

第1页（共2页）

其他事项参见续页

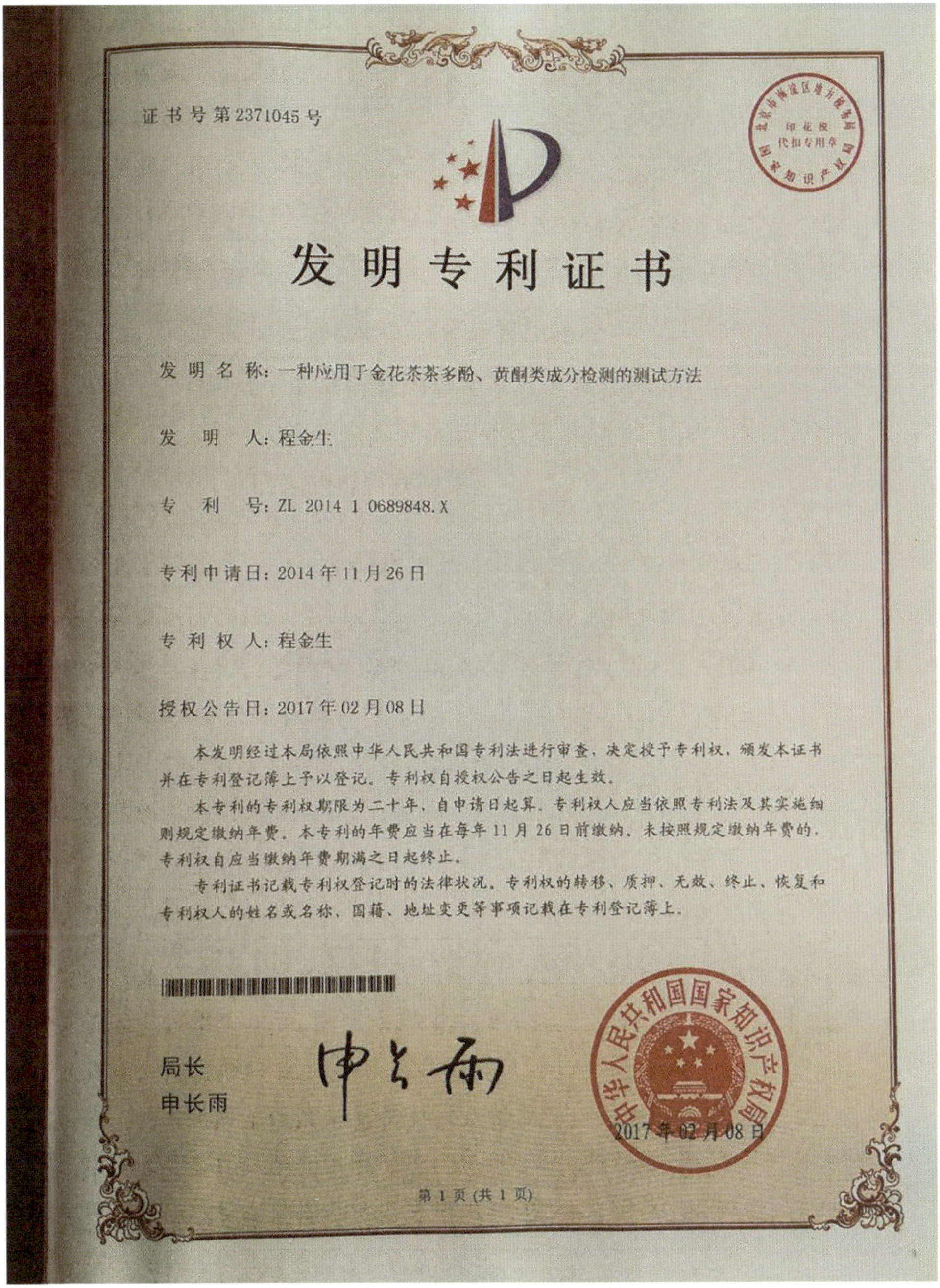

证书号第2371045号

发明专利证书

发明名称：一种应用于金花茶茶多酚、黄酮类成分检测的测试方法

发 明 人：程金生

专 利 号：ZL 2014 1 0689848.X

专利申请日：2014年11月26日

专利权人：程金生

授权公告日：2017年02月08日

本发明经过本局依照中华人民共和国专利法进行审查，决定授予专利权，颁发本证书并在专利登记簿上予以登记。专利权自授权公告之日起生效。

本专利的专利权期限为二十年，自申请日起算。专利权人应当依照专利法及其实施细则规定缴纳年费。本专利的年费应当在每年11月26日前缴纳。未按照规定缴纳年费的，专利权自应当缴纳年费期满之日起终止。

专利证书记载专利权登记时的法律状况。专利权的转移、质押、无效、终止、恢复和专利权人的姓名或名称、国籍、地址变更等事项记载在专利登记簿上。

局长
申长雨

第1页（共1页）

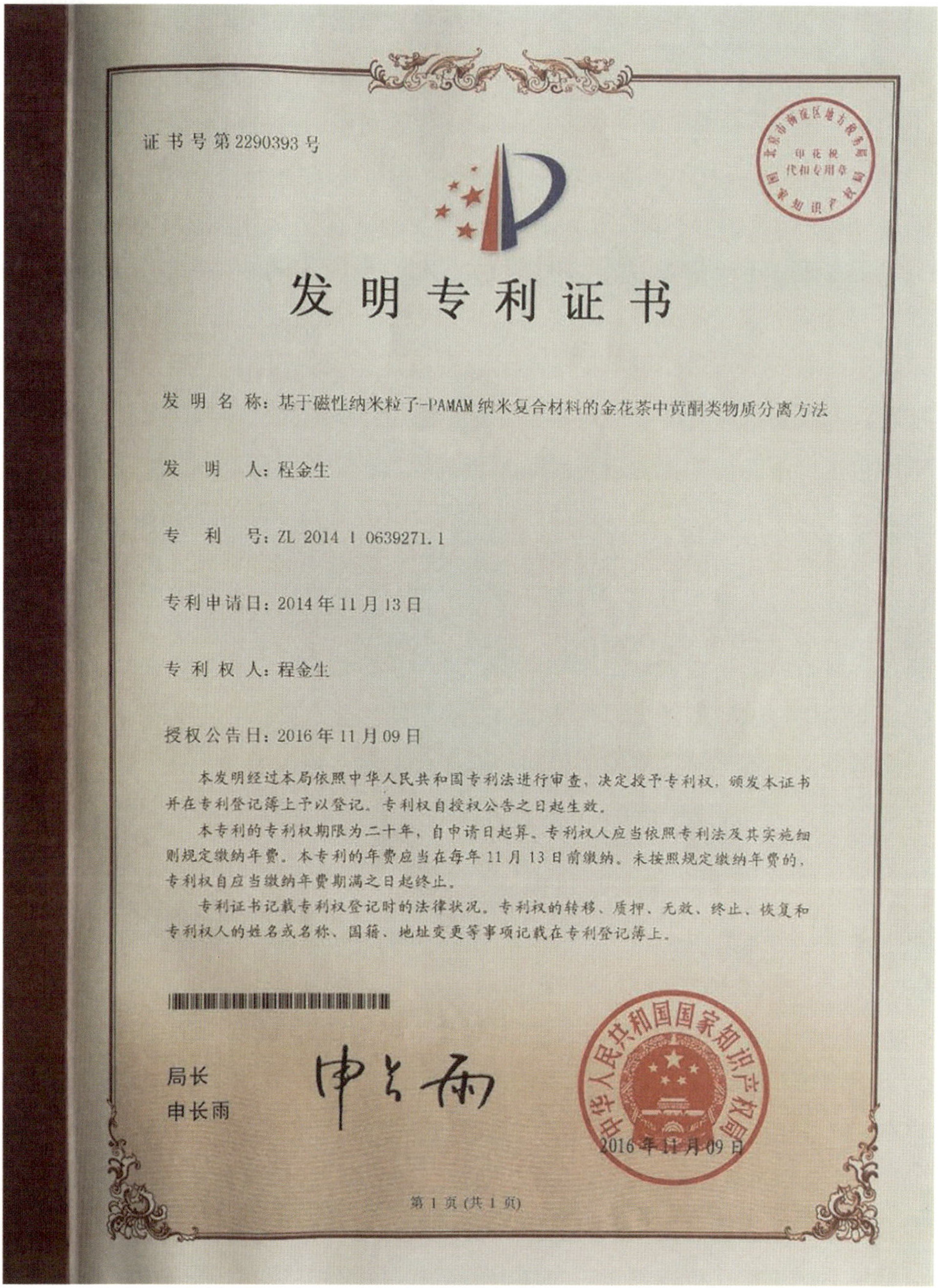

证书号第2290393号

发明专利证书

发明名称：基于磁性纳米粒子-PAMAM纳米复合材料的金花茶中黄酮类物质分离方法

发　明　人：程金生

专　利　号：ZL 2014 1 0639271.1

专利申请日：2014年11月13日

专利权人：程金生

授权公告日：2016年11月09日

本发明经过本局依照中华人民共和国专利法进行审查，决定授予专利权，颁发本证书并在专利登记簿上予以登记。专利权自授权公告之日起生效。

本专利的专利权期限为二十年，自申请日起算。专利权人应当依照专利法及其实施细则规定缴纳年费。本专利的年费应当在每年11月13日前缴纳。未按照规定缴纳年费的，专利权自应当缴纳年费期满之日起终止。

专利证书记载专利权登记时的法律状况。专利权的转移、质押、无效、终止、恢复和专利权人的姓名或名称、国籍、地址变更等事项记载在专利登记簿上。

局长
申长雨

中华人民共和国国家知识产权局
2016年11月09日

第1页(共1页)

证书号第2074419号

发明专利证书

发 明 名 称：一种金花茶油类挥发成分检测方法

发　明　人：程金生

专　利　号：ZL 2014 1 0688387.4

专利申请日：2014年11月26日

专 利 权 人：嘉应学院医学院

授权公告日：2016年05月18日

本发明经过本局依照中华人民共和国专利法进行审查，决定授予专利权，颁发本证书并在专利登记簿上予以登记。专利权自授权公告之日起生效。

本专利的专利权期限为二十年，自申请日起算。专利权人应当依照专利法及其实施细则规定缴纳年费。本专利的年费应当在每年11月26日前缴纳。未按照规定缴纳年费的，专利权自应当缴纳年费期满之日起终止。

专利证书记载专利权登记时的法律状况。专利权的转移、质押、无效、终止、恢复和专利权人的姓名或名称、国籍、地址变更等事项记载在专利登记簿上。

局长
申长雨

中华人民共和国国家知识产权局
2016年05月18日

第 1 页（共 1 页）

证书号第2044013号

发明专利证书

发 明 名 称：一种应用于金花茶氨基酸活性成分的梯次分离方法

发 明 人：程金生

专 利 号：ZL 2014 1 0688494.7

专利申请日：2014年11月26日

专 利 权 人：嘉应学院医学院

授权公告日：2016年04月27日

本发明经过本局依照中华人民共和国专利法进行审查，决定授予专利权，颁发本证书并在专利登记簿上予以登记。专利权自授权公告之日起生效。

本专利的专利权期限为二十年，自申请日起算。专利权人应当依照专利法及其实施细则规定缴纳年费。本专利的年费应当在每年11月26日前缴纳。未按照规定缴纳年费的，专利权自应当缴纳年费期满之日起终止。

专利证书记载专利权登记时的法律状况。专利权的转移、质押、无效、终止、恢复和专利权人的姓名或名称、国籍、地址变更等事项记载在专利登记簿上。

局长
申长雨

中华人民共和国国家知识产权局
2016年04月27日

第1页（共1页）

证书号第2662592号

发明专利证书

发 明 名 称：一种基于复合纳滤膜的山茶科植物茶中金属元素富集分离方法

发 明 人：程金生

专 利 号：ZL 2014 1 0763131.5

专利申请日：2014 年 12 月 12 日

专 利 权 人：嘉应学院医学院

授权公告日：2017 年 10 月 20 日

本发明经过本局依照中华人民共和国专利法进行审查，决定授予专利权，颁发本证书并在专利登记簿上予以登记。专利权自授权公告之日起生效。

本专利的专利权期限为二十年，自申请日起算。专利权人应当依照专利法及其实施细则规定缴纳年费。本专利的年费应当在每年 12 月 12 日前缴纳。未按照规定缴纳年费的，专利权自应当缴纳年费期满之日起终止。

专利证书记载专利权登记时的法律状况。专利权的转移、质押、无效、终止、恢复和专利权人的姓名或名称、国籍、地址变更等事项记载在专利登记簿上。

局长
申长雨

证书号第2023978号

发明专利证书

发 明 名 称：一种基于氨基化石墨烯的黄酮类成分提取分离方法

发 明 人：程金生

专 利 号：ZL 2014 1 0681182.3

专利申请日：2014年11月25日

专 利 权 人：程金生

授权公告日：2016年04月13日

本发明经过本局依照中华人民共和国专利法进行审查，决定授予专利权，颁发本证书并在专利登记簿上予以登记。专利权自授权公告之日起生效。

本专利的专利权期限为二十年，自申请日起算。专利权人应当依照专利法及其实施细则规定缴纳年费。本专利的年费应当在每年11月25日前缴纳。未按照规定缴纳年费的，专利权自应当缴纳年费期满之日起终止。

专利证书记载专利权登记时的法律状况。专利权的转移、质押、无效、终止、恢复和专利权人的姓名或名称、国籍、地址变更等事项记载在专利登记簿上。

局长
申长雨

中华人民共和国国家知识产权局
2016年04月13日

第1页（共1页）

中华人民共和国国家知识产权局

518031
广东省深圳市福田区深南中路新城大厦西座 601—605 深圳市千纳专利代理有限公司
徐庆莲

发文日：
2016 年 07 月 21 日

申请号或专利号：201410763950.X　　　发文序号：2016071800115630

申请人或专利权人：嘉应学院医学院

发明创造名称：一种金花茶中黄酮类物质对鼻咽癌作用有效位点的筛选方法

办理登记手续通知书

根据专利法实施细则第 54 条及国家知识产权局第 75 号公告的规定，申请人应当于 2016 年 10 月 10 日之前缴纳以下费用：

专利登记费	250.0 元	
第 3 年度年费	270.0 元	费减 70% （减缓标记）
专利证书印花税	5.0 元	
已缴费用	0 元	
应缴费用	525.0 元	

申请人按期缴纳上述费用的，国家知识产权局将在专利登记簿上登记专利权的授予，颁发专利证书，并予以公告。专利权自公告之日起生效。

申请人期满未缴纳或者未缴足上述费用的，视为放弃取得专利权的权利。

提示：

专利费用可以通过网上缴费、邮局或银行汇款缴纳，也可以到国家知识产权局面缴。

网上缴费：电子申请注册用户可登陆 http://www.cponline.gov.cn，并按照相关要求使用网上缴费系统缴纳。

邮局汇款：收款人姓名：国家知识产权局专利局收费处，商户客户号：110000860。

银行汇款：开户银行：中信银行北京知春路支行：户名：中华人民共和国国家知识产权局专利局：账号：7111710182600166032。

汇款时应当准确写明申请号、费用名称（或简称）及分项金额。未写明申请号和费用名称（或简称）的视为未办理缴费手续。了解更多详细信息及要求，请登陆 http://www.sipo.gov.cn 查询。

审 查 员：姚燕　　　　审查部门：专利局初审及流程管理部

联系电话：62356655

中华人民共和国国家知识产权局
专利审查业务章

602
0.4
纸件申请，回函请寄：100088 北京市海淀区蓟门桥西土城路 6 号 国家知识产权局专利局受理处收
电子申请，应当通过电子专利申请系统以电子文件形式提交相关文件。除另有规定外，以纸件等其他形式提交的文件视为未提交。

1 / 1

Intellectual Property Office

Certificate of Grant of Patent

Patent Number: GB2594793

Proprietor(s): Shaoguan University

Inventor(s): Jinsheng Cheng
Weihong Wan

This is to Certify that, in accordance with the Patents Act 1977,

a Patent has been granted to the proprietor(s) for an invention entitled **"Theaflavins extracted from Camellia nitidissima Medicament for Resisting Novel Coronavirus and Preparation Method and Application"** disclosed in an application filed **24 March 2021.**

Dated 15 June 2022

Tim Moss
Comptroller-General of Patents, Designs and Trade Marks
Intellectual Property Office

The attention of the Proprietor(s) is drawn to the important notes overleaf.

Intellectual Property Office is an operating name of the Patent Office

Intellectual Property Office

Certificate of Grant of Patent

Patent Number: GB2594792

Proprietor(s): Shaoguan University

Inventor(s): Jinsheng Cheng
Weihong Wan

This is to Certify that, in accordance with the Patents Act 1977,

a Patent has been granted to the proprietor(s) for an invention entitled "**Oral Preparation for Preventing the Novel Coronavirus and Preparation Method and Application**" disclosed in an application filed **24 March 2021**.

Dated 27 September 2023

Adam Williams

Adam Williams
Comptroller-General of Patents, Designs and Trade Marks
Intellectual Property Office

The attention of the Proprietor(s) is drawn to the important notes overleaf.

证书号第17877916号

实用新型专利证书

实用新型名称：一种金花茶口服液用灌装设备

发　　明　　人：程金生；杨立翔；陈晓远；肖正中；林淼森；吴培源；钟兰照
周小伟；林家俊；詹凌锐；严咏彤；王浩丞；彭蕴琳

专　　利　　号：ZL 2022 2 2228208.1

专利申请日：2022年08月23日

专　利　权　人：韶关学院

地　　　　址：512005 广东省韶关市浈江区大学路288号

授权公告日：2022年11月25日　　　授权公告号：CN 217893291 U

国家知识产权局依照中华人民共和国专利法经过初步审查，决定授予专利权，颁发实用新型专利证书并在专利登记簿上予以登记。专利权自授权公告之日起生效。专利权期限为十年，自申请日起算。

专利证书记载专利权登记时的法律状况。专利权的转移、质押、无效、终止、恢复和专利权人的姓名或名称、国籍、地址变更等事项记载在专利登记簿上。

局长
申长雨

国家知识产权局
2022年11月25日

第1页（共2页）

其他事项参见续页

证书号第18944303号

实用新型专利证书

实用新型名称：一种金花茶发酵茶的加工装置

发　明　人：程金生;杨立翔;陈晓远;肖正中;林森森;吴培源;钟兰照
周小伟;林家俊;詹凌锐;严咏彤;王浩丞;彭蕴琳

专　利　号：ZL 2022 2 2998714.9

专利申请日：2022年11月10日

专利权人：韶关学院

地　　址：512005 广东省韶关市浈江区大学路288号

授权公告日：2023年05月02日　　　授权公告号：CN 218942185 U

国家知识产权局依照中华人民共和国专利法经过初步审查，决定授予专利权，颁发实用新型专利证书并在专利登记簿上予以登记。专利权自授权公告之日起生效。专利权期限为十年，自申请日起算。

专利证书记载专利权登记时的法律状况。专利权的转移、质押、无效、终止、恢复和专利权人的姓名或名称、国籍、地址变更等事项记载在专利登记簿上。

局长
申长雨

国家知识产权局
2023年05月02日

第 1 页 (共 2 页)

其他事项参见续页

证书号第17980374号

实用新型专利证书

实用新型名称：一种金花茶含片生产用过滤混合设备

发　明　人：程金生;杨立翔;陈晓远;肖正中;林淼森;吴培源;钟兰熙
周小伟;林家俊;詹凌锐;严咏彤;王浩丞;彭蕴琳

专　利　号：ZL 2022 2 2237219.6

专利申请日：2022年08月24日

专利权人：韶关学院

地　　址：512005 广东省韶关市浈江区大学路288号

授权公告日：2022年12月09日　　授权公告号：CN 217989174 U

国家知识产权局依照中华人民共和国专利法经过初步审查，决定授予专利权，颁发实用新型专利证书并在专利登记簿上予以登记。专利权自授权公告之日起生效。专利权期限为十年，自申请日起算。

专利证书记载专利权登记时的法律状况。专利权的转移、质押、无效、终止、恢复和专利权人的姓名或名称、国籍、地址变更等事项记载在专利登记簿上。

局长
申长雨

国家知识产权局
2022年12月09日

第1页(共2页)

其他事项参见续页

本专著前期授权的部分国内、国际专利

（合计授权6项美国专利+2项澳大利亚专利+2项英国专利+9项中国发明授权+实用新型专利1批）

前期医药成果被收录 2016 中国中医药年鉴（学术卷）

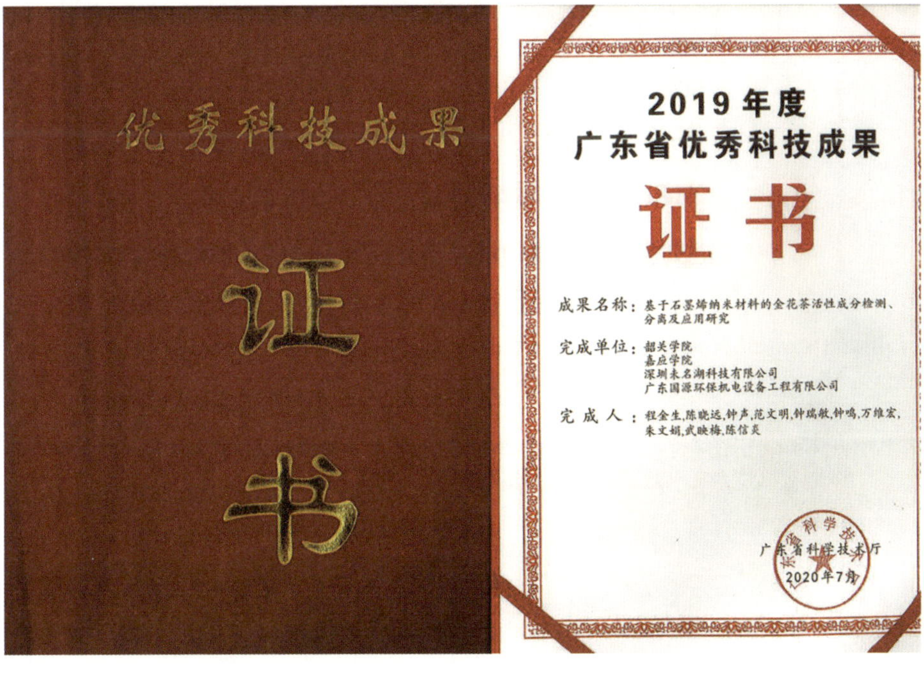

广东省农业技术推广奖

获奖证书

为表彰在农业技术推广工作中做出贡献的单位和个人，特颁发此证书，以资鼓励。

获奖项目：基于石墨烯纳米材料的金花茶活性成分检测、分离及应用

奖励等级：三等奖

获 奖 者：程金生

奖励日期：2021 年 12 月 8 日

证 书 号：2020-3-L12-R01

广东省农业技术推广奖

评审委员会

国科奖社证字第0191号

2021年中国产学研合作创新与促进奖

产学研合作创新成果奖

获奖证书

为表彰在产学研深度融合中取得的重要科技创新成果，特颁发此证书。

项目名称：基于石墨烯纳米材料的金花茶活性物质检测、分离及应用研究

奖项等级：优秀奖

完成单位：韶关学院、深圳茁晗健康有限公司、广东十长生化妆品制造有限公司、嘉应学院

主要完成人：程金生、陈晓远、钟 鸣、万维宏、范文明、钟兰照、陈信炎

证书号：20216292

中国产学研合作促进会

2022年1月

前期所获金花茶领域2019广东省优秀科技成果（省科技厅，主持）、2020广东省农业推广三等奖1项（主持，排名第一）、2021中国产学研促进奖优秀奖1项（主持，排名第一）；主持的成果：“金花茶天然活性成分分离纯化技术创新及产业化应用”已获2023广东省科技进步二等奖（成果推广奖，公示中，排名第一）

广东省科技成果推广奖

证　书

为表彰 2023 年度广东省科技成果推广奖获得者，特颁发此证书。

项目名称：金花茶天然活性成分分离纯化技术创新及产业化应用

获 奖 者：程金生

粤府证【2024】3103 号

项目编号:T01-03-R01

广东省人民政府

2024 年 8 月